安全检测技能实训教程

主　编　黄均艳

副主编　张丽珍　孙　辉　何　军

高等职业教育安全类专业系列教材

重庆大学出版社

内容提要

本书从安全检测用传感器、粉尘检测、有毒有害物质检测、噪声检测、振动检测、放射性检测、雷电与静电的检测、生产装置的无损检测等方面对企业安全检测的设备、原理、标准和方法等编写了相关技能训练项目。

本书可作为高等职业技术院校安全类专业的教材，也可供从事企业安全管理的技术人员及操作人员参考。

图书在版编目(CIP)数据

安全检测技能实训教程 / 黄均艳主编. -- 重庆：
重庆大学出版社，2024.5
ISBN 978-7-5689-4529-5

Ⅰ.①安… Ⅱ.①黄… Ⅲ.①安全监测—技术—高等
职业教育—教材 Ⅳ.①X924.2

中国国家版本馆 CIP 数据核字(2024)第 109986 号

安全检测技能实训教程

主　编　黄均艳
副主编　张丽珍　孙　辉　何　军
责任编辑:秦旖旎　　版式设计:秦旖旎
责任校对:谢　芳　责任印制:张　策

*

重庆大学出版社出版发行
出版人:陈晓阳
社址:重庆市沙坪坝区大学城西路 21 号
邮编:401331
电话:(023)88617190　88617185(中小学)
传真:(023)88617186　88617166
网址:http://www.cqup.com.cn
邮箱:fxk@cqup.com.cn(营销中心)
全国新华书店经销
重庆市远大印务有限公司印刷

*

开本:787mm×1092mm　1/16　印张:9.75　字数:246 千
2024 年 5 月第 1 版　　2024 年 5 月第 1 次印刷
印数:1—1 000
ISBN 978-7-5689-4529-5　定价:35.00 元

前　言

　　通过完善安全生产法律法规和健全规章制度等管理措施固然能提高各级、各类人员做好安全生产工作的自觉性,但要从根本上改变目前的安全生产状况,还要从装备和技术上做文章。保障生产装置的正常运行,保证生产作业环境达到标准要求,以减少事故发生的可能性,这就需要加强安全检测,不仅要检测装置本身以及附属设施和安全保障设施是否良好,还要检测其排放的粉尘、有毒有害物质、噪声等环境危险和有害因素是否符合要求,只有生产装置本身以及职工工作的生产环境安全了,才能从根本上杜绝生产安全事故的发生。因此,结合现阶段高职院校安全技术与管理专业、化工安全专业等学生就业需求以及现阶段企业状况,吸收新技术、引用新标准,我们编写了本书,以培养学生的安全检测技能。

　　本书由重庆安全技术职业学院黄均艳担任主编,重庆安全技术职业学院张丽珍、孙辉和重庆中邦科技有限公司何军担任副主编,李子彬、梁元杰、甘黎嘉、李光满等参与编写。

　　由于编者水平有限,书中不妥之处在所难免,欢迎广大读者批评指正。

编　者

2024 年 1 月

目录

1

第一篇
实验要求和部分仪器简介

近年来,高校师生和从事实验检测等行业的人员在实验中操作不当、设备老化、消防不到位等原因引起的火灾、人员伤亡事故屡见不鲜。"隐患险于明火、防范胜于救灾、责任重于泰山",实验室安全无小事,要将安全事故消灭在萌芽中,只有及时发现安全隐患,采取有效措施。安全检测技术涉及的实验场所包括化学实验室、校内工厂、安全检测实训室等,让学生掌握实验安全须知及对实验室进行日常管理很重要。

第 1 章
实验室日常管理要求

一、着装要求

在安全检测实验尤其化学实验中,经常使用各种化学药品和仪器设备,还会经常遇到高温、低温、高压、真空、高频和带有辐射源的实验条件,若缺乏必要的安全防护知识,会造成生命和财产的巨大损失。因此,实验室必须按照 EHS 管理体系的要求,加强安全管理。

(1)进入实验室,必须按规定穿戴必要的实验服或工装,不但可以避免药品损伤人体,还可以避免有毒药品直接污染衣服。

（2）进行危害物质、挥发性有机溶剂、特定化学物质或其他环保局所列管毒性化学物质等化学药品的操作实验或研究时，必须要穿戴防护用品（防护口罩、防护手套、防护眼罩或防护面屏等）。

（3）进行实验时，严禁佩戴隐形眼镜（防止化学药剂溅入而腐蚀眼睛）。

（4）需将长发及松散衣服妥善固定（不要接触到明火或者化学品）；禁止穿凉鞋或者脚部暴露的鞋子进行实验操作，要穿着球鞋或者其他更有保护性的鞋子（防滑、防静电、防止实验溶液溅伤）；不要穿化纤的衣物，它们容易燃烧。

（5）操作高温实验时，必须佩戴防高温手套。

二、饮食要求

（1）禁止在化学品存放区吃东西、喝饮料、抽烟、存放食物和饮水杯等器具。

（2）严禁在实验室内吃东西、喝饮料、抽烟、嚼口香糖、化妆、吃药等。

（3）以上行为可以在办公室或规定区域进行，使用化学药品后需先洗净双手方能进食。

（4）食物禁止储藏在储有化学药品的冰箱、冰柜或者储藏柜中，禁止使用实验设备做饭、烧开水。

三、纪律要求

（1）实验室内不准谈笑、喧哗、打闹、重步奔跑。

（2）实验室内不得使用明火取暖，严禁吸烟；必须使用明火实验的场所，须经使用单位批准后，才能使用。

（3）严禁独自一人在实验室做危险性实验；做危险性实验前必须经实验室主任批准，有两人以上在场方可进行，节假日和夜间严禁做危险性实验。

（4）若须进行无人监督的实验，对于实验装置防火、防爆、防水灾等能力都须有相当的考虑，且让实验室灯开着，并在门上留下紧急联络人电话。

（5）每日最后离室人员要负责水、电、气、门窗等的安全检查。

四、卫生要求

（1）实验室应注重环境卫生，并须保持整洁。

（2）窗面及照明器具透光部分均须保持清洁。

（3）油类物质或化学物品溢满地面或工作台时应立即擦拭，并冲洗干净。

（4）实验台上不得放置与实验无关的物品。

（5）下水道应避免纸屑、玻璃碎片等流入，防止下水道堵塞。

（6）垃圾清除及处理必须符合卫生要求，应于指定场所倾倒，不得任意倾倒、堆积，影响环境卫生。

（7）凡有毒性或易燃的垃圾废物，均应按危险废物进行特别处理，以防发生火灾或有害人体健康。

（8）垃圾或废物不得堆积于操作区域或办公室内。

（9）保持所有走廊、楼梯通行无阻。

五、用电安全要求

（1）实验室内电气设备的安装和使用管理,必须符合安全用电管理规定,大功率实验设备用电必须使用专线,严禁与照明线共用,谨防因超负荷用电着火。

（2）实验室内用电线路和配电盘、板、箱、柜等装置及线路系统中的各种开关、插座、插头等均应经常保持完好可用状态,熔断装置所用的熔丝必须与线路允许的容量相匹配,严禁用其他导线替代。室内照明器具都要经常保持稳固可用状态。

（3）可能散发易燃、易爆气体或粉体的建筑内,所用电器线路和用电装置均应按相关规定使用防爆电气线路和装置。

（4）对实验室内可能产生静电的部位、装置要心中有数,要有明确标记和警示,对其可能造成的危害要有妥善的预防措施。

（5）实验室内所用的高压、高频设备要定期检修,要有可靠的防护措施。凡设备本身要求安全接地的,必须接地;定期检查线路,测量接地电阻。自行设计、制作对已有电气装置进行自动控制的设备,在使用前必须经实验室与设备处技术安全办公室组织验收,合格后方可使用。自行设计、制作的设备或装置,其中的电气线路部分,也应请专业人员查验无误后再投入使用。

（6）手上有水或潮湿时请勿接触电器设备;电器插座严禁安装在水槽旁（防止漏电或感电）。

（7）实验室内的专业人员必须掌握本室的仪器、设备的性能和操作方法,严格遵守操作规程。

（8）机械设备应装设防护设备或其他防护罩。

（9）电器插座请勿接太多插头,以免超出负荷,引起电器火灾。

（10）如电器设备无接地设施,请勿使用,以免触电。

六、"三废"处理

1. 废气

产生少量有毒气体的实验应在通风橱内进行。通过排风设备将少量毒气排到室外;产生大量有毒气体的实验必须具备吸收或处理装置。

2. 废渣

少量有毒的废渣应送交环保部门处理,需要焚烧或者深埋。

3. 废液

浓酸浓碱废液,必须先以水稀释,而后倒入酸碱污水桶。对于剧毒废液,必须采取相应的措施,消除毒害作用后再进行处理。实验室内大量使用的冷凝用水,无污染可直接排放。洗刷产生的废水,污染不大的可排入下水道。酸、碱、盐水溶液用后均倒入酸、碱、盐污水桶,经中和后排入下水道。有机溶剂回收于废有机溶剂桶中,加盖密封,定期交与环保部门处理。

4. 处理注意事项

①浓酸加水稀释时防爆沸灼伤。

②中和处理时,须谨防 H_2S、Cl_2 等反应废气造成人员中毒。

第 **2** 章
实验室安全防护

一、常用安全标识

实验室常见的安全标识如图 2-1、图 2-2 所示。

健康危害	当心感染	易燃液体	易燃气体
易燃固体	自燃物品	遇湿易燃物品	氧化剂
有机过氧化物	剧毒品	有毒品	有毒气体
爆炸品	当心致癌	腐蚀品	当心电离辐射
激光	微波	当心高压容器	当心紫外线

图 2-1

图 2-2

二、火灾的扑救

1. 救火原则

扑救初期火灾时,应立即大声呼叫,组织人员选用合适的方法进行扑救,同时立即报警。扑救时应遵循先控制、后消灭,救人重于救火,先重点后一般的原则。

2. 灭火器的使用

灭火器的使用方法如图 2-3 所示。

拉开保险插销　　　握住皮管,将喷嘴　　用力握下手压柄喷射
　　　　　　　　　对准火苗根部

注:除酸碱式灭火器外,其他灭火器使用时不能颠倒,也不能横卧,否则灭火剂不会喷出。

图 2-3

3．消防栓的使用

消防栓的使用方法如图 2-4 所示。

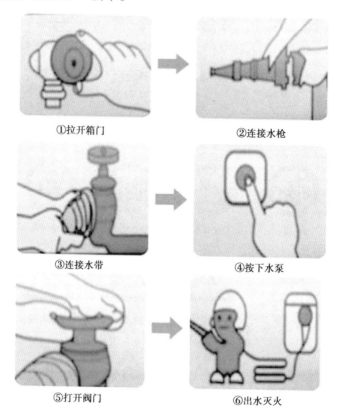

①拉开箱门　　　　　　　　②连接水枪

③连接水带　　　　　　　　④按下水泵

⑤打开阀门　　　　　　　　⑥出水灭火

图 2-4

4．逃生自救

熟悉实验室的逃生路径、消防设施及自救逃生的方法，平时积极参与应急逃生预演，将会事半功倍。

火灾发生时应保持镇静、明辨方向、迅速撤离，千万不要相互拥挤、乱冲乱窜，应尽量往楼层下面跑，若通道已被烟火封阻，则应背向烟火方向离开，通过阳台、气窗、天台等往室外逃生。

逃生自救方式如图 2-5 所示。为了防止火场浓烟呛入，可采用湿毛巾、口罩捂住口鼻，匍匐撤离。禁止通过电梯逃生。如果楼梯已被烧断、通道被堵死时，可通过屋顶、天台、阳台、落水管等逃生，或在固定的物体上（如窗框、水管等）拴绳子，也可将床单等撕成条连接起来，然后手拉绳子缓缓而下。

如果无法撤离，应退居室内，关闭通往着火区的门窗，还可向门窗上浇水，延缓火势蔓延，并向窗外伸出衣物或抛出物件发出求救信号或呼喊，等待救援。如果身上着了火，千万不可奔跑或拍打，应迅速撕脱衣物，或通过用水、就地打滚、覆盖厚重衣物等方式压灭火苗。

三、灭火

万一着火，应冷静判断情况，采取适当措施灭火；可根据不同情况，选用水、沙、湿布、石棉布、泡沫、CO_2 或 CCl_4 灭火器灭火。常见的挥发性溶剂,如酒精、丙酮、乙醚、苯、二硫化碳、冰醋酸、石油醚、甲苯及二甲苯等,均极易燃烧,故切勿靠近火焰。不溶于水的有机溶剂着火时,切勿用水灭火,以免更助长火势蔓延。酒精、丙酮及冰醋酸均可溶于水,故可用水灭火,量少时可用雾状水灭火。

图 2-5

四、防爆

对于防止支链爆炸,主要是防止可燃性气体或蒸气散失在室内空气中,保持室内通风良好,防止可燃气体积聚。当大量使用可燃性气体时,应严禁使用明火和可能产生电火花的电器;对于预防热爆炸,强氧化剂和强还原剂必须分开存放,使用时轻拿轻放,远离热源。

五、防灼伤

除了高温以外,液氮、强酸、强碱、强氧化剂、溴、磷、钠、钾、苯酚、醋酸等物质都会灼伤皮肤,应注意不要让皮肤与之接触,尤其防止溅入眼中。

六、防辐射

化学实验室的辐射,主要是指 X 射线,长期反复接受 X 射线照射,会导致疲倦、记忆力减退、头痛、白血球降低等。防护的方法就是避免身体各部位(尤其是头部)直接受到 X 射线照射,操作时需要将其屏蔽,屏蔽物常用铅、铅玻璃等。

七、实验室伤害的预处理

1. 普通伤口

以生理食盐水清洗伤口,以胶布固定。

2. 烧烫(灼)伤

以冷水冲洗 15 ~ 30 min,散热止痛;以生理盐水擦拭(勿以药膏、牙膏、酱油涂抹或以纱布盖住);紧急送至周边诊所或单位医务室,严重烧烫伤者需送至医院进行处理(注意事项:水泡不可自行刺破)。

3. 化学药物灼伤

以大量清水冲洗 15 min 以上;如眼部灼伤需提起眼睑用流动清水冲洗 15 min 以上。用消毒纱布或消毒过的布块覆盖伤口;紧急送至单位医务室,严重灼伤者需送至医院进行处理。

在实验中遇有刺激眼睛的气体,多半是目不能见而逸散于空气中的汞蒸气、CO、CO_2、H_2S、HCN 等。身体若感觉不适,应立即到室外安静仰卧,并深呼吸室外新鲜空气。

第二篇
传感器综合演示实验

在生产过程及安全检测中,为了对各种工业参数(如温度、压力、流量、物位和气体成分等)进行检测与控制,首先要把这些参数转换成便于传送的信息,这就要用到各种传感器。把传感器与变送器和其他装置组合起来,组成一个检测系统或控制系统,即可完成对工业参数的安全检测。安全检测常用的传感器有温度传感器、压力传感器、流量传感器、物位传感器和气体成分传感器。SET 系列传感器实验仪(箱)上采用的大部分传感器是教学传感器(透明结构便于教学),但其结构与线路是工业应用的基础。选择 SET 系列传感器实验仪(箱)作为实训仪器主要是为了通过实验帮助学生加深理解传感器理论知识,培养作为一个科技工作者应具备的动手能力、操作技能,提高分析与解决问题的能力。

第 **3** 章
传感器实验仪简介

一、SET 系列传感器实验仪(箱)简介

SET 系列传感器实验仪主要由四个部分组成:传感器安装台、显示及激励源、传感器符号及引线单元、处理电路单元。

1. 传感器安装台部分

传感器安装台部分装有双平行振动梁(梁上可增加动态应变式传感器),激振线圈,半导体扩散硅压阻式压力传感器,光纤传感器的光电变换座、光纤及探头,小机电,电涡流传感器及支座,电涡流传感器引线孔($\Phi3.5$ 插孔),霍尔式传感器的两个半圆磁钢,差动变压器线圈,电容式传感器静片,磁电式传感器线圈、测微头及支架,振动圆盘(圆盘上装有磁钢、霍尔片、电涡流检测片、差动变压器可动磁芯、电容传感器的动片组、磁电传感器的可动磁钢),应变式传感器(电子秤),温度传感器安装盒(加热器、热电偶、PN 结、热敏电阻),压电式传感器、光电开关、扩展区(可安装气敏传感器、湿敏元件、热释电传感器、硅光电池、光敏电阻元件、光敏二极管、光敏三极管),具体安装部位参看第4章拓展资料2。

备注:SET 系列传感器实验仪的传感器数量可根据需方要求增减。

2. 显示及激励源部分

显示及激励源部分包含主电源、激振开关、直流稳压电源(±15 V、5 V)、可调电流源、电机控制单元、可调直流稳压电源($\pm2 \sim \pm10$ V 分 5 挡调节)、音频振荡器、低频振荡器、F/V(频率/电压)数字表 2 V、20 V、2 kV、20 kV。

3. 传感器符号及引线单元

传感器单元面板上的符号含意是所有传感器的引线都从内部已引到这个单元上的相应符号中,实验时传感器的输出信号按符号从这个单元插孔引线。

4. 处理电路单元

处理电路单元由电桥单元、差动放大器、电容变换放大器、电压放大器、移相器、相敏检波器、电荷放大器、低通滤波器、涡流变换器等单元组成。

SET 系列传感器实验仪上配一台双线(双踪)通用示波器可做几十种实验,教师也可利用传感器及处理电路开发实验项目。

二、主要技术参数、性能及说明

(一)传感器安装台部分

双平行振动梁的振动圆盘中心装有磁钢,通过测微头或接入低频激振信号(打开激振开关)的激振线圈,可做传感器静态或动态特性实验。以下是各传感器参数:

(1)差动变压器(电感式)。量程:$\geqslant5$ mm,直流电阻:$5 \sim 10$ Ω,由一个初级、两个次级线圈绕制而成的透明空心线圈和软磁铁氧体构成。

(2)电涡流位移传感器。量程:$\geqslant1 \sim 5$ mm,直流电阻:$1 \sim 2$ Ω,由多股漆包线绕制的扁平线圈与金属涡流片组成。

(3)霍尔式传感器。量程:$\pm \geqslant2$ mm,直流电阻:激励端口 800 $\Omega \sim 1.5$ kΩ;输出端口 $300 \sim 500$ Ω 的线性半导体霍尔片,它置于环形磁钢构成的梯度磁场中。

(4)热电偶。直流电阻:10 Ω,由两个铜-康铜热电偶串接而成,分度号为 T,冷端温度为环境温度。

(5)电容式传感器。量程:$\pm \geqslant2$ mm,由两组定片和一组动片组成的差动变面积式电容构成。

(6)热敏电阻。半导体热敏电阻 NTC:温度系数为负,25 ℃时为 10 kΩ。

(7)光纤传感器。由多模光纤,发射、接收电路组成的导光型传感器,线性范围$\geqslant2$ mm。

光纤探头是由 2×60 股呈 Y 形、半圆分布的合成光纤构成。

（8）半导体扩散硅压阻式压力传感器。量程:10 kPa;供电:≤6 V,MPX 型压阻式。

（9）压电加速度计。由 PZT-5 压电晶片和质量块构成。谐振频率:≥10 kHz;电荷灵敏度:≥20 pc/g。

（10）应变式传感器。箔式应变片电阻值:350 Ω;应变系数:2。

（11）PN 结温度传感器。利用半导体 PN 结良好的线性温度电压特性制成的测温传感器,能直接显示被测温度。灵敏度:−2.1 mV/℃。

（12）磁电式传感器。直流电阻:30 ~ 40 Ω,由线圈(0.21×1 000)和永久磁钢组成;灵敏度:0.5 V/m/s。

（13）气敏传感器。以 MQ-3 气体传感器测酒精为例,测量范围:10 ~ 1 000 ppm。

（14）湿敏电阻。高分子薄膜电阻型(RH):几兆欧至几千欧;响应时间:吸湿、脱湿小于 10 s;温度系数:0.5 RH%/℃;测量范围:10% ~ 95%;工作温度:0 ~ 50 ℃。

（15）光电开关。红外反射型。

（16）光敏电阻。CdS 材料,暗阻:≥2 MΩ;亮阻:≤1 kΩ。

（17）硅光电池。开路电压:≥200 mV;短路电流:1 ~ 4 mA;有效面积:2.5 mm×5 mm。

（18）热释电红外传感器。灵敏度:300 V/W;响应波长:1 ~ 15 μm;视角:70°。

（19）光敏二极管。峰值波长:0.85 μm。

（20）光敏三极管。峰值波长:0.85 μm。

（二）显示及激励源部分

1. 显示仪表

数字式电压/频率表:3 位半显示;电压范围:0 ~ 2 V、0 ~ 20 V;频率范围:3 Hz ~ 2 kHz、10 Hz ~ 20 kHz;灵敏度≤50 mV。

2. 两种振荡器

（1）音频振荡器:0.4 ~ 10 kHz 输出连续可调,V_{p-p} = 20 V 输出连续可调,180°、0°反相输出,LV 端输出电流:0.5 A。

（2）低频振荡器:1 ~ 30 Hz 输出连续可调,V_{p-p} = 20 V 输出连续可调,最大输出电流 0.5 A,V_i 端可提供用作电流放大器。

3. 电加热器

电加热器由电热丝组成,加热时可获得高于环境温度 30 ℃ 左右的升温。

4. 两组稳压电源

（1）直流±15 V、5 V,主要提供温度实验时的加热电源,最大激励 1.5 A。

（2）±2 ~ ±10 V 分五挡输出,最大输出电流 1.5 A,提供直流激励源。

5. 转速实验电机

由可调低噪声高速轴流风扇组成,与光电、光纤传感器配合进行测速实验。

（三）信号及变换

（1）电桥:用于组成直流电桥,提供组桥插座,标准电阻和交、直流调平衡网络。

（2）差动放大器:通频带 0 ~ 10 kHz 可接成同相(反相)、差动结构、增益为 1 ~ 100 倍的直流放大器。

（3）电容变换器:由高频振荡、放大器和双 T 电桥组成的信号处理电路。

(4)电压放大器:增益约为 5 倍,同相输入,通频带 0 ~ 10 kHz。

(5)移相器:由有源积分/微分电路构成,允许最大输入电压 $10V_{p-p}$,移相范围不小于±20°(5 kHz 时)。

(6)相敏检波器:由电子开关构成的检波电路,检波电压频率不大于 10 kHz,允许最大输入电压 $10V_{p-p}$。

(7)电荷放大器:电容反馈型放大器,用于放大压电传感器的输出信号。

(8)低通滤波器:由 50 Hz 陷波器和 RC 滤波器组成,转折频率约 35 Hz。

(9)涡流变换器:输出电压不低于 8 V(探头离开被测物),变频调幅式变换电路,传感器线圈是振荡电路中的电感元件。

(10)光电变换座:由红外发射、接收管组成。

(四)计算机连接与处理

数据采集卡:12 位 A/D 转换,采样速度 10 000 点/s,采样速度可控制,采样形式多样。标准 RS-232/USB 接口,与计算机串行工作。良好的计算机显示界面与方便实用的处理软件,可实现实验项目的选择与编辑、数据采集、数据处理、图形分析与比较、文件存取打印。

三、注意事项

(1)使用仪器时打开电源开关,检查交、直流信号源及显示仪表是否正常。仪器下部面板左下角处的开关为控制处理电路±15 V 的工作电源,进行实验时请勿关掉,为保证仪器正常工作,严禁±15 V 电源间的相互短路,建议平时将此两个输出插口封住。

(2)不进行振动实验时,请务必关闭激振开关(断开激振线圈),否则可能会产生低频干扰。

(3)仪器装有 RS232/USB 接口,信号采集前请正确设置 PC 端口,否则计算机将接收不到信号。仪器工作时需要良好接地,以减小干扰信号,应尽量远离电磁干扰源。

(4)实验时请注意实验指导书中实验内容后的"注意事项",要在确认接线无误的情况下再开启电源,要尽量避免电源短路的情况发生,实验工作台上各传感器如位置不正确,可松动调节螺丝稍作调整,用手按下振动梁再松手,以各部分能随梁上下振动而无碰擦为宜。

(5)针式毫伏表(998 系列适用)工作前需对地短路调零,取掉短路线后指针有所偏转是正常现象,不影响测试。

(6)本仪器是实验性仪器,主要目的是对各传感器作定性验证,而非工业应用型的传感器定量测试。

(7)本实验仪器需防尘,以保证实验接线接触良好,仪器正常工作温度为 0 ~ 40 ℃。

四、传感器和电路性能检查

(1)应变片及差动放大器:各应变片是否正常可用万用表电阻挡测量应变片阻值,正常阻值为 350 Ω 左右。差动放大器可参考 4.1 节应变片单臂电桥实验中的第(2)步:差动放大器调零检查。

(2)热电偶:接入差动放大器,使加热器加热,观察随温度升高热电势的变化。

(3)热敏式:用万用表电阻挡测量其阻值,使加热器加热,观察温度随阻值变化的情况,注意热敏电阻是负温度系数。

（4）PN 结温度传感器：用万用表二极管挡正向测量，使加热器加热，观察温度随阻值变化的情况，注意是负温度系数。

（5）进行"移相器实验"：用双踪示波器观察两通道波形。

（6）进行"相敏检波器实验"：相敏检波器端口序数规律为从左至右，从上到下，其中 5 端为参考电压输入端。

（7）进行"电容式传感器特性实验"：当振动圆盘带动动片上下移动时，电容变换器 V_o 端电压应正负过零变化。

（8）进行"光纤传感器位移测量"：光纤探头对准电涡流反射片，旋动测微仪带动反射片位置变化，从差动放大器输出端读出电压变化值。

（9）进行"光纤（光电）式传感器测速实验"：从 F/V 表 F_o 端读出频率信号。F/V 表置 2 kV 挡。

（10）低通滤波器：将低频振荡器输出信号送入低通滤波器输入端，输出端用示波器观察，注意根据低通输出幅值调节输入信号大小。

（11）进行"差动变压器性能实验"，检查电感式传感器性能，实验前要找出次级线圈的同名端，次级所接示波器为悬浮工作状态。

（12）进行"霍尔式传感器的直流激励特性实验"：直流激励信号不能大于 2 V。

（13）进行"磁电式传感器实验"：磁电式传感器两端接差动放大器输入端，并使振动圆盘振动，用示波器观察输出波形，参见图 4-4。

（14）进行"电压加速度传感器实验"：此实验与上述第（11）项内容均无定量要求。

（15）进行"电涡流传感器的静态标定实验"：接线参照教学试验仪，需注意示波器观察波形端口应在涡流变换器的左上方，即接电涡流线圈处，右上端端口为输出经整流后的输出直流电压。

（16）进行"扩散硅压力传感器实验"。

（17）进行"气敏传感器特性实验"：观察输出电压变化。

（18）进行"湿敏传感器特性演示实验"。

（19）进行"光敏电阻实验"。

（20）进行"硅光电池实验"。

（21）进行"光电开关（反射）实验"。

（22）进行"热释电传感器实验"。以上从第（17）项起实验均为演示性质，无定量要求。

（23）如果仪器是带微机接口和实验软件的，请参阅第 4 章末尾"拓展资料 3 《微机数据采集系统软件》"使用说明。数据采集卡已装入仪器中，其中 A/D 转换是 12 位转换器。

注：仪器的型号不同，传感器种类不同，则检查项目也会有所不同。上述检查及实验能够完成，则整台仪器各部分均为正常。

第 **4** 章
传感器演示实验

4.1　金属箔式应变片性能——单臂电桥

一、实验目的

(1)了解金属箔式应变片及单臂电桥的工作原理。

(2)熟悉单臂电桥连线操作。

二、实验原理

金属箔式应变片是最常用的测力传感元件,使用时应变片要牢固地粘贴在测试体表面,当测试体受力发生形变时,应变片的敏感栅长度也随同发生变形,其电阻也随之发生相应的变化,通过测量电路,将应变片电阻的变化变成电信号输出,完成力(非电量)与电量的转换。

差动电桥电路是应变片最常用的测量电路,当桥路 4 个电阻处于对臂阻值乘积相等时,电桥平衡,输出为零。设桥臂 4 个电阻分别是 R_1、R_2、R_3、R_4,各电阻的相对变化率分别为 $\Delta R_1/R_1$、$\Delta R_2/R_2$、$\Delta R_3/R_3$、$\Delta R_4/R_4$,如 $R_1 = R_2 = R_3 = R_4 = R$、$\Delta R_1 = \Delta R_2 = \Delta R_3 = \Delta R_4 = \Delta R$、$\Delta R \ll R$,则桥路输出电压 V_o 为 $V_o = V_i \times (\Delta R_1/R_1 + \Delta R_2/R_2 + \Delta R_3/R_3 + \Delta R_4/R_4)/4 = V_i \times (\Delta R/R)/4$,注:$V_i$——供桥电压。由此可知当使用一个应变片(单臂电桥)时,$V_o = V_i(\Delta R/R)/4$;当使用两个应变片(半桥)时,$V_o = V_i(\Delta R/R)/2$;当使用 4 个应变片(全桥)时,$V_o = V_i(\Delta R/R)$。因此,在差动电桥电路中单臂、半桥、全桥电路的灵敏度依次增大。

三、所需单元及部件

直流稳压电源、电桥、差动放大器、双孔悬臂梁称重传感器(998A 和 N 型适用)或应变悬臂梁(998B 型适用)、砝码、F/V 表。

四、旋钮初始位置

直流稳压电源置±4 V 挡,F/V 表置 2 V 挡,差动放大器增益调至最大。

13

五、实验步骤

（1）了解所需单元、部件在实验仪上的所在位置，观察称重传感器（998A 和 N 型适用）或应变悬臂梁（998B 型适用）上的应变片，应变片为棕色衬底箔式结构小方薄片。上下两片梁的外表各贴两片受力应变片。

（2）将差动放大器调零，用连线将差动放大器正（+）、负（-）端对地短接。差动放大器输出端与 F/V 表的输入插口 V_i 相连；差动放大器增益旋至最大，开启主电源，然后调整差动放大器调零旋钮使 F/V 表显示为零，关闭主电源。

（3）根据图 4-1 接线，R_1、R_2、R_3 为电桥单元的固定电阻；$R_4 = R_x$ 为应变片。将 F/V 表置 20 V 挡，开启主电源，调节电桥平衡网络中的 W_1，使 F/V 表显示为零；等待数分钟后将 F/V 表置 2V 挡，再缓慢调节电桥 W_1，使 F/V 表显示为零。如数值不稳定，请减小差动放大器增益。

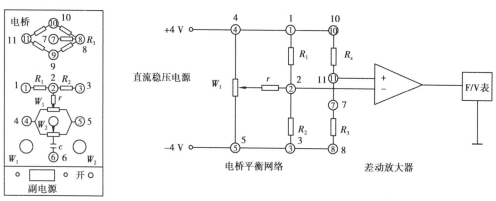

图 4-1

（4）（998A 和 N 型适用）在传感器托盘上放上一只砝码，记下此时的电压数值，然后每增加一只砝码记下一个数值，并将这些数值填入表 4-1。根据所得结果计算系统灵敏度 $S = \Delta V / \Delta W$，并作出 V-W 关系曲线，ΔV 为电压变化率，ΔW 为相应的质量变化率。

表 4-1　电压与质量值记录表

质量/g					
电压/mV					

▲（998B 型适用）将测微头转动到 10 mm 刻度附近，安装到应变悬臂梁的自由端（与自由端磁钢吸合），调节测微头支柱的高度（梁的自由端跟随变化）使 F/V 表显示最小，再旋动测微头，使 F/V 表显示为零（细调零），这时的测微头刻度为零位的相应刻度。

六、注意事项

（1）实验装置设备电桥上端虚线所示的 4 个电阻实际上并不存在，仅作为一标记。

（2）为确保实验过程中输出指示不溢出，可先将砝码加至最大质量，如指示溢出，适当减小差动放大器增益，此时差动放大器不必重新调零。

（3）做此实验时应将低频振荡器的幅度调至最小，以减小其对直流电桥的影响。

（4）电位器 W_1、W_2，在有的仪器中标为 R_{W_1}、R_{W_2}。

七、思考题

（1）本实验电路对直流稳压电源和对差动放大器有何要求？

（2）根据所给的差动放大器电路原理图，分析其工作原理，说明它为什么既能作差动放大器，又可作同相或反相放大器。

4.2　金属箔式应变片：单臂、半桥、全桥比较

一、实验目的

验证单臂、半桥、全桥的性能及相互之间关系。

二、实验原理

已知差动电桥电路的输出电压灵敏度分别为：使用一个应变片（单臂电桥）时，$V_o = V_i(\Delta R/R)/4$；使用两个应变片（半桥）时，$V_o = V_i(\Delta R/R)/2$；使用四个应变片（全桥）时，$V_o = V_i(\Delta R/R)$；输出灵敏度依次增大。当 V_i 和 $\Delta R/R$ 一定时，电压灵敏度与各桥臂阻值 R 大小无关。

三、所需单元和部件

直流稳压电源、电桥、差动放大器、双孔悬臂梁称重传感器（998A 和 N 型适用）或应变悬臂梁（998B 型适用）、砝码、F/V 表。

四、有关旋钮的初始位置

直流稳压电源置±4 V 挡，F/V 表置 2 V 挡，差动放大器增益调至最大。

五、实验步骤

（1）按实验 4.1 方法将差动放大器调零后，关闭主电源。

（2）根据图 4-1 接线，R_1、R_2、R_3 为电桥单元的固定电阻；$R_4 = R_x$ 为应变片。F/V 表置 20 V 挡。开启主电源，调节电桥平衡网络中的 W_1，使 F/V 表显示为零，等待数分钟后将 F/V 表置 2 V 挡，再调电桥 W_1（慢慢地调），使 F/V 表显示为零。如数值不稳定，请减小差动放大器增益（注：998B 型接下述第"3B"步）。

（3A）（998A 和 N 型适用）在传感器托盘上放上一只砝码，记下此时的电压数值，然后每增加一只砝码记下一个数值并将这些数值填入表 4-2。根据所得结果计算系统灵敏度 $S = \Delta V/\Delta W$，并作出 V-W 关系曲线，ΔV 为电压变化率，ΔW 为相应的质量变化率。

表 4-2　电压与质量值记录表

质量/g					
电压/mV					

(4A)(998A 和 N 型适用)保持差动放大器增益不变,将 R_3 固定电阻换为与 R_4 工作状态相反的另一应变片,即取两片受力方向不同应变片,形成半桥,调节电桥 W_1 使 F/V 表显示为零,重复(3A)过程同样测得读数,填入表 4-3。

表 4-3　电压与质量值记录表

质量/g					
电压/mV					

(5A)(998A 和 N 型适用)保持差动放大器增益不变,将 R_1,R_2 两个固定电阻换成另两片应变片,接成一个直流全桥(注意:组全桥时只要掌握对臂应变片受力方向相同,邻臂应变片受力方向相反即可,否则 $\Delta R/R$ 作用相互抵消就没有输出)。调节电桥 W_1 同样使 F/V 表显示零。重复(3A)过程将读出数据填入表 4-4。

表 4-4　电压与质量值记录表

质量/g					
电压/mV					

(6A)(998A 和 N 型适用)在同一坐标上描出 X-Y 曲线,比较 3 种接法的灵敏度。

▲(3B)(998B 型适用)将测微头转动到 10 mm 刻度附近,安装到应变悬臂梁的自由端(与自由端磁钢吸合),调节测微头支柱的高度(梁的自由端跟随变化)使 F/V 表显示最小,再旋动测微头,使 F/V 表显示为零(细调零),这时的测微头刻度为零位的相应刻度,将直流稳压电源调至±4 V 挡。选择适当的差动放大器增益,然后调整电桥平衡电位器 W_1,使表头显示为零(需预热几分钟表头才能稳定下来)。

▲(4B)(998B 型适用)调整测微头使梁移动,每隔 0.5 mm 读一个数,将测得数值填入表4-5,然后关闭主、副电源。

表 4-5　电压与位移值记录表

位移/mm					
电压/mV					

▲(5B)(998B 型适用)保持差动放大器增益不变,将 R_3 固定电阻换为与 R_4 工作状态相反的另一应变片,即取两片受力方向不同应变片,形成半桥,调节测微头使梁到水平位置(目测),调节电桥 W_1 使 F/V 表显示为零,重复(4B)过程同样测得读数,填入表 4-6。

表 4-6　电压与位移值记录表

位移/mm				
电压/mV				

▲(6B)(998B 型适用)保持差动放大器增益不变,将 R_1,R_2 两个固定电阻换成另两片应变片,接成一个全桥(注意:组全桥时只要掌握对臂应变片受力方向相同,邻臂应变片受力方向相反即可,否则 $\Delta R/R$ 作用相互抵消就没有输出)。调节测微头使梁到水平位置,调节电桥 W_1 使 F/V 表显示为零。重复(4B)过程,将读出数据填入表 4-7。

表 4-7　电压与位移值记录表

位移/mm				
电压/mV				

▲(7B)(998B 型适用)在同一坐标纸上描出 $X\text{-}V$ 曲线,比较 3 种接法的灵敏度。

六、注意事项

(1)在更换应变片时应将电源关闭。
(2)在实验过程中如有发现电压表发生过载,应将电压量程扩大。
(3)在本实验中只能将放大器接成差动形式,否则系统不能正常工作。
(4)直流稳压电源为±4 V,不能过大,以免损坏应变片或造成严重自热效应。
(5)接全桥时请注意区别各应变片工作方向。

4.3　直流全桥的应用——电子秤实验

一、实验目的

了解应变片直流全桥的应用及电路标定。

二、基本原理

电子秤实验原理为实验 4.2 的全桥测量原理,通过对电路合理调节使电路输出电压值与质量值对应,将电压量纲 V 改为质量量纲 g 即成为一台原始电子秤。

三、需用器件与单元

直流稳压电源、电桥、差动放大器、双孔悬臂梁称重传感器(998A 和 N 型适用)或应变悬臂梁(998B 型适用)、砝码、F/V 表。

四、有关旋钮的初始位置

直流稳压电源置±4 V 挡、差动放大器增益调至最大、F/V 表置 2 V 挡。

五、实验步骤

(1)按实验 4.1 方法将差动放大器调零后,关闭主电源。

(2)根据实验 4.2(5A)步骤,接成全桥测量电路。

(3)差动放大器增益适中,开启电源,调节电桥 W_1 使 F/V 表显示为零。

(4)将 10 只砝码全部置于传感器的托盘上,调节差动放大器增益电位器(即满量程调整),使电压表显示为 0.200 V 或-0.200 V。

(5)拿去所有砝码,再次调零。

(6)重复(2)(3)步骤,一直到满量程显示 0.200 V,空载时电压表显示 0.000 V 为止,把电压量纲 V 改为质量量纲 g,即成为一台原始的电子秤。

(7)把砝码依次放在托盘上,将相应的电压表数值填入表 4-8。

表 4-8　与负载质量对应的输出电压值

质量/g	20	40	60	80	100	120	140	160	180	200
电压/mV										

(8)根据表 4-8 计算非线性差值。

六、思考题

(1)分析误差来源,比较这个实验结果与实验 4.2 的结果有什么不同。

(2)在托盘上放上一未知质量的物体(<200 g),根据电压表指示值,质量是多少?

4.4　热电偶原理及分度表的应用

一、实验目的

(1)了解热电偶分度表的应用;
(2)理解热电偶的应用原理。

二、实验原理

热电偶基本工作原理是热电效应;两种不同的导体互相焊接成闭合回路,当两个接点端的温度不同时,回路中就会产生电流,这一现象称为热电效应,产生电流的电势称为热电势。两种不同导体的这种组合称为热电偶;通过测量此热电势即可知道热电偶两端温差值,如已知某一端温度则可知另一端的温度,从而实现温度的测量。通常把已知温度端称为自由端(冷端),另一端称为工作端(热端)。本仪器中热电偶材料为铜-康铜,分度号为 T。

三、所需单元及附件

-15 V 直流稳压电源、差动放大器、F/V 表、加热器、热电偶、温度计(自备)。

四、旋钮初始位置

F/V 表切换开关置 2 V 挡,差动放大器增益调至最大。

五、实验步骤

(1)了解热电偶原理。

(2)了解热电偶在实验仪上的位置及电路符号;所配的热电偶是由铜-康铜组成的简易热电偶,分度号为 T,封装在透明加热器罩内(998A 和 N 型适用)或应变悬臂梁后部中间表面(998B 型适用)。

(3)按照图 4-2 接线,先不连接加热器与−15 V 直流电源,开启主电源,调节差动放大器调零旋钮,使 F/V 表显示零,记录下自备温度计的室温。

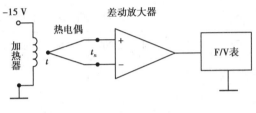

图 4-2

(4)将−15 V 直流电源接入加热器的一端,加热器的另一端接地,观察 F/V 表显示值的变化,待显示值稳定不变时记录下 F/V 表的读数 E。

(5)用自备的温度计测出位于:①透明加热器罩内加热器的表面温度 t(N 型适用);②应变传感器下梁后部加热器(998A 型适用)的表面温度 t;③应变梁(998B 型适用)后部中间加热器的表面温度 t,并记录下温度值(注意:温度计的测温探头只要触及热电偶处附近的加热器即可)。

(6)根据热电偶的热电势与温度之间的关系式

$$E_{ab}(t,t_0) = E_{ab}(t,t_n) + E_{ab}(t_n,t_0)$$

式中　t——热电偶的热端(工作端)温度,℃;

　　　t_n——热电偶的冷端(自由端)温度,也就是室温,℃;

　　　t_0——0 ℃。

可以计算:①热端温度为 t,冷端温度 t_n 为室温时,热电势 $E_{ab}(t,t_n)$ =(F/V 表 E 值)/100(100 为差动放大器的放大倍数)。②热端温度为室温 t_n(自备温度计测得),冷端温度为 0 ℃时,铜-康铜的热电 $E_{ab}(t_n,t_0)$ 可由铜-康铜热电偶分度表(表 4-9)查得。③$E_{ab}(t,t_0)$ = $E_{ab}(t,t_n)+E_{ab}(t_n,t_0)$,查分度表可得到实际温度值。

(7)将热电偶测得的温度值与自备温度计测得的温度值相比较(注意:本实验仪所配的热电偶为简易热电偶而非标准热电偶,同时受安装位置的影响,其结果会有一定误差,本实验的目的主要是了解热电势现象和温度值的计算方法)。

(8)实验完毕,关闭主电源,尤其是加热器连接的−15 V 直流电源(自备温度计测出温度后马上拆去−15 V 电源连接线),其他旋钮置原始位置。

表 4-9　铜-康铜热电偶分度表(T)

工作端温度/℃	0	1	2	3	4	5	6	7	8	9
	热电动势/mV									
−10	−0.383	−0.421	−0.459	−0.496	−0.534	−0.571	−0.608	−0.646	−0.683	−0.720
0	−0.000	−0.039	−0.077	−0.116	−0.154	−0.193	−0.231	−0.269	−0.307	−0.345
0	0.000	0.039	0.078	0.147	0.156	0.195	0.234	0.273	0.312	0.351
10	0.391	0.430	0.470	0.510	0.549	0.589	0.629	0.669	0.709	0.749
20	0.789	0.830	0.870	0.911	0.951	0.992	1.032	1.073	1.114	1.155
30	1.196	1.237	1.279	1.320	1.361	1.403	1.444	1.486	1.528	1.569
40	1.611	1.653	1.695	1.738	1.780	1.822	1.865	1.907	1.950	1.992
50	2.035	2.078	2.121	2.164	2.207	2.250	2.294	2.337	2.380	2.424
60	2.467	2.511	2.555	2.599	2.643	2.687	2.731	2.775	2.819	2.864
70	2.908	2.953	2.997	3.042	3.087	3.131	3.176	3.221	3.266	3.312
80	3.357	3.402	3.447	3.483	3.538	3.584	3.630	3.676	3.721	3.767
90	3.827	3.873	3.919	3.965	4.012	4.058	4.105	4.151	4.198	4.244
100	4.291	4.338	4.385	4.432	4.479	4.529	4.573	4.621	4.668	4.715

六、思考题

(1)为什么差动放大器接入热电偶后需再调差放零点?

(2)即使采用标准热电偶,按照本实验方法测量温度也会有较大误差,为什么?

4.5　霍尔式传感器的直流激励特性

一、实验目的

了解霍尔式传感器的原理与特性。

二、实验原理

根据霍尔效应,霍尔电势 $U_H = K_H I B$,保持 K_H、I 不变,若霍尔元件在梯度磁场 B 中运动,且 B 是线性均匀变化的,则霍尔电势 U_H 也将线性均匀变化,这样就可以进行位移测量。

三、所需单元及部件

霍尔片、磁钢、电桥、差动放大器、F/V 表、直流稳压电源、测微头、振动平台。

四、旋钮初始位置

差动放大器增益旋钮调至最小,电压表置 20 V 挡,直流稳压电源置 2 V 挡。

五、实验步骤

(1)了解霍尔传感器结构、熟悉霍尔片电路符号。①霍尔片安装在振动圆盘上,两个半圆永久磁钢固定在顶板上,两者组合成霍尔传感器(旧);②霍尔片封装成探头固定在调节支架上,圆形永久磁钢固定在振动圆盘上(新)。两种不同结构的霍尔传感器,可对照设备观察。

(2)开启主电源,将差动放大器调零后,增益最小,关闭主电源,根据图 4-3 接线,R_{W1}、r 为电桥单元的直流平衡网络。

(3)装好测微头,①调节测微头与振动台吸合并使霍尔片置于半圆磁钢上下正中位置(旧);②霍尔探头置于圆形磁钢中心(新)且相距约 5～10 mm。

(4)开启主电源,调整 R_{W1} 使电压表指示为零(如电压表指示不能调零(新),再进一步调整霍尔探头与圆形磁钢中心的距离,直至可到零位)。

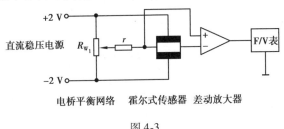

图 4-3

(5)记录测微头起始刻度,向上旋动测微头,记下此时测微头的读数 X 和电压表读数 V,建议每 0.2～0.5 mm 读一个数,将读数填入表 4-10;测微头归回起始刻度,向下旋动测微头,记下 X 值和 V 值,建议每 0.2～5 mm 读一个数,将读数填入表 4-10,作出 V-X 曲线,记下线性范围 X-V 坐标,求出灵敏度。

表 4-10　电压表读数记录表

$X/$mm				
$V/$V				
$X/$mm				
$V/$V				

通过实验可以得出结论:本实验实际上是用移动的霍尔元件(或磁钢)来测量磁场分布情况,磁场分布的线性程度决定了输出霍尔电势的线性度,且灵敏度与磁场强度有关。

(6)实验完结,关闭主电源,各旋钮置初始位置。

六、注意事项

(1)由于磁路系统的气隙较大,应使霍尔片尽量靠近极靴霍尔探头,尽量对准磁钢中心,以提高灵敏度;一旦调整好后,测量过程中不能移动磁路系统。

(2)霍尔传感器的输入、输出端口不要弄错;激励电压不能过 2 V,以免损坏霍尔片。

4.6 磁电式传感器的性能

一、实验目的

了解磁电式传感器的原理及性能。

二、实验原理

磁电式传感器是一种能将非电量的变化转为感应电动势的传感器,因此也称为感应式传感器。根据电磁感应定律,ω 匝线圈中的感应电动势 e 的大小,决定于穿过线圈的磁通 ψ 的变化率:$e = -\omega \mathrm{d}\psi/\mathrm{d}t$。仪器中的磁电式传感器由动铁与感应线圈组成,永久磁钢做成的动铁产生恒定的直流磁场,当动铁与线圈有相对运动时,线圈与磁场中的磁通交链产生感应电动势,e 与磁通变化率成正比,是一种动态传感器。

三、所需单元及部件

差动放大器、低通滤波器、涡流变换器、低频振荡器、示波器、磁电式传感器、涡流传感器、振动平台、主电源。

四、旋钮的初始位置

差动放大器增益旋钮置中间,低频振荡器幅度旋钮置于最小,F/V 表置 2 kHz 挡。

五、实验步骤

(1)观察磁电式传感器的结构,根据图 4-4 的电路结构,将磁电式传感器、差动放大器、低通滤波器、示波器连接起来,组成一个测量线路,并将低频振荡器的输出端与频率表(F/V 表置 2 kHz 挡)的输入端相连,开启主电源。

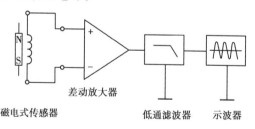

图 4-4

(2)调整好示波器,低频振荡器的幅度旋钮固定至某一位置,调节频率,调节时用频率表监测频率,用示波器读出峰值,填入表 4-11。

表 4-11 峰值记录表

f/Hz	3	4	5	6	7	8	9	10	20	25
$V_{\text{p-p}}$										

（3）拆去磁电式传感器的引线，把涡流传感器经涡流变换器后接入低通滤波器，再用示波器观察输出波形（波形好坏与涡流传感器的安装位置有关，参照涡流传感器实验），并与磁电传感器的输出波形相比较。

六、思考题

（1）磁电式传感器有什么特点？
（2）比较磁电式传感器与涡流传感器输出波形的相位，为什么出现这种差异？

4.7 压电式传感器的动态响应实验

一、实验目的

了解压电式传感器的原理、结构及应用。

二、实验原理

压电式传感器是一种典型的有源传感器（发电型传感器）。压电式传感器的元件是力敏感元件，在压力、应力、加速等外力作用下，在电介质表面产生电荷，从而实验非电量的电测。

三、所需单元及设备

低频振荡器、电荷放大器、低通滤波器、单芯屏蔽线、压电式传感器、示波器、激振线圈、磁电传感、F/V 表、主电源、振动平台。

四、旋钮的初始位置

低频振荡器的幅度旋钮置最小，F/V 表置 2 kHz 挡。

五、实验步骤

（1）观察压电式传感器的结构，根据图 4-5 的电路结构，将压电式传感器、电荷放大器、低通滤波器、示波器连接起来，组成一个测量线路，并将低频振荡器的输出端与频率表的输入端相连。

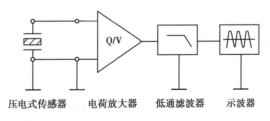

压电式传感器   电荷放大器   低通滤波器   示波器

图 4-5

（2）将低频振荡器信号接入振动台的激振线圈。
（3）调整好示波器，低频振荡器的幅度旋钮固定至最大，调节频率，调节时用频率表监测频率，用示波器读出峰值，填入表 4-12。

表 4-12　峰值记录表

f/Hz	5	7	12	15	17	20	25
$V_{\mathrm{p-p}}$/mV							

（4）示波器的另一通道用于观察磁电式传感器的输出波形，并与压电式传感器的波形相比较，观察其波形相位差。

六、思考题

（1）根据实验结果，尝试计算振动平台的自振频率大致为多少。

（2）试回答压电式传感器的特点。磁电式传感器与压电式传感器输出波形的相位差大致为多少，为什么？

4.8　差动变面积式电容传感器的静态及动态特性

一、实验目的

了解差动变面积式电容传感器的原理及其特性。

二、实验原理

差动变面积式电容传感器由两组定片和一组动片组成。当安装于振动台上的动片上、下改变位置，与两组静片之间的重叠面积发生变化，极间电容也发生相应变化，成为差动电容。如将上层定片与动片形成的电容定为 C_{x1}，下层定片与动片形成的电容定为 C_{x2}，当将 C_{x1} 和 C_{x2} 接入桥路作为相邻两臂时，桥路的输出电压与电容量的变化有关，即与振动平台的位移有关。

三、所需单元及部件

电容传感器、差动放大器、低通滤波器、F/V 表、激振器、示波器、振动平台。

四、旋钮的初始位置

F/V 表置 2 V 挡，电容变换器增益调至最大。

五、实验步骤

（1）如实验 4.1 步骤（2），差动放大器调零后按照图 4-6 接线。

（2）差动放大器增益调至适中（数值稳定即可），F/V 表打到 2 V，调节测微头，使输出为零。

（3）转动测微头，每次 0.1 mm，记下此时测微头的读数 X 及电压表的读数 V，填入表 4-13，直至电容动片与上（或下）静片覆盖面积最大为止。退回测微头至初始位置，并反方向旋动，同以上方法，记下 X(mm) 及 V(mV) 值，填入表 4-13。

表4-13　$V(\mathrm{mV})$值记录表

X/mm				
V/mV				

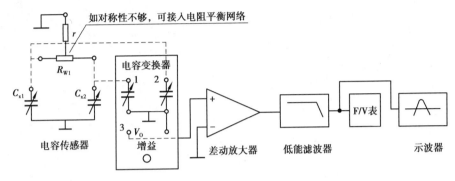

图4-6

（4）计算系统灵敏度 S，$S=\Delta V/\Delta X$（式中 ΔV 为电压变化，ΔX 为相应的梁端位移变化），并作出 $V\text{-}X$ 关系曲线。

（5）卸下测微头，断开电压表，接通激振器使振动梁开始振动，用示波器观察输出波形。

六、思考题

电容传感器的对称性受到哪些因素的影响？

4.9　扩散硅压阻式压力传感器实验

一、实验目的

了解扩散硅压阻式压力传感器的工作原理和工作情况。

二、基本原理

扩散硅压阻式压力传感器（简称"压阻式传感器"），是利用单晶硅的压阻效应制成的器件，在敏感膜上刻有4个单晶硅电阻并组成全桥，当受到压力作用时，敏感膜发生微形变导致刻在上面的电阻阻值发生变化，从而使输出电压发生变化。

三、所需单元及部件

直流稳压电源、差动放大器、F/V 数字显示表、压阻式传感器、压力表及加压配件、主电源。

四、旋钮初始位置

直流稳压电源置±4 V 挡，F/V 表切换开关置 2 V 挡，差动放大器增益调至适中，主电源关闭。

五、实验步骤

（1）了解所需单元、部件、传感器的符号及在仪器上的位置。

（2）如图4-7所示将传感器电路连好，注意接线正确，否则易损坏元器件，差动放大器接成同相、反相均可。

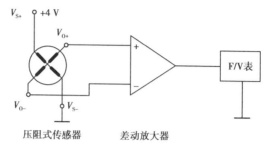

图4-7

（3）如图4-8所示，接好传感器供压回路。

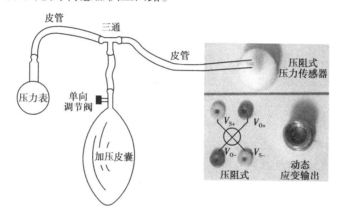

图4-8

（4）将加压皮囊上单向调节阀的锁紧螺丝拧松。

（5）开启主电源，调整差动放大器零位旋钮，使电压表指示尽可能为零，记下此时电压表读数。

（6）拧紧皮囊上单向调节阀的锁紧螺丝，轻按加压皮囊，注意不要用力太大，当压力表达到4 kPa左右时，记下电压表读数，然后每隔这一刻度差，记下读数，并将数据填入表4-14。

表4-14   电压数据记录表

压强/kPa	4	8	12	...
电压/mV				

（7）根据所得的结果计算系统灵敏度 $S = \Delta V / \Delta P$，并作出 V-P 关系曲线，找出线性区域。当压阻式传感器作为压力计使用时，请进行标定。

标定方法：拧松加压皮囊上的锁紧螺丝，调节差动放大器调零旋钮使电压表的读数为零，拧紧锁紧螺丝，手压皮囊使压强达到所需的最大值40 kPa，调节差动放大器的增益使电压表的指示与压力值的读数一致，这样重复操作，零位、增益调试几次至满意为止。

六、注意事项

(1)如在实验中压力不稳定,应检查加压气体回路是否有漏气现象,气囊上单向调节阀的锁紧螺丝是否拧紧。

(2)如读数误差较大,应检查气管是否有折压现象,造成传感器的供气压力不均匀。

(3)如觉得差动放大器增益不理想,可调整其"增益"旋钮,不过此时应重新调整零位。调好以后在整个实验过程中不得再改变其位置。

(4)实验完毕必须关闭主电源后再拆去实验连接线(拆去实验连接线时要注意手要拿住连接线头部拉起,以免拉断实验连接线)。

七、思考题

扩散硅压阻式压力传感器是否可用作真空度和负压测试?

4.10 PN 结温度传感器测温实验

一、基本原理

晶体二极管或三极管的 PN 结电压是随温度变化而变化的。例如,硅管的 PN 结的结电压在温度每升高 1 ℃时,下降约 2.1 mV,利用这种特性可做成各种各样的 PN 结温度传感器。它具有线性好、时间常数小(0.2~2 s)、灵敏度高等优点,测温范围为−50~+150 ℃。其不足之处是离散性大、互换性较差。

二、实验目的

了解 PN 结温度传感器的特性及工作情况。

三、所需单元

可调直流稳压电源、−15 V 稳压电源、差动放大器、电压放大器、F/V 表、加热器、电桥、水银温度计(自备)。

四、旋钮初始位置

直流稳压电源置±6 V 挡,差动放大器增益调至最小(1 倍),电压放大器幅度设为最大4.5 倍。

五、实验步骤

(1)了解 PN 结、加热器、电桥在实验仪所在的位置及它们的符号。

(2)观察 PN 结温度传感器结构,用数字万用表"二极管"挡,测量 PN 结正反向的结电压。

(3)把直流稳压电源 V+插口用所配的专用电阻线(51 kΩ)与 PN 结温度传感器的正向端

相连,并按照图4-9连接好差动放大器电路,注意各旋钮的初始位置,电压表置2 V挡。

(4)开启主电源,调节 R_{W1} 电位器,使电压表指示为零,同时记下此时水银温度计的室温值 Δt。

(5)将−15 V稳压电源接入加热器,观察电压表读数的变化,因PN结温度传感器的温度变化灵敏度约为−2.1 mV/℃。随着温度升高,其PN结电压将下降 ΔV,该 ΔV 电压经差动放大器隔离传递(增益为1)至电压放大器放大4.5倍,此时的系统灵敏度 $S \approx 10$ mV/℃。待电压表读数稳定后,即可利用这一结果,将电压值转换成温度值,从而演示出加热器在PN结温度传感器处产生的温度值(ΔT)。此时该点的温度为 $\Delta T + \Delta t$。

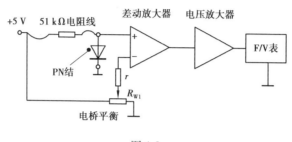

图 4-9

六、注意事项

(1)该实验仅作为一个演示性实验。

(2)加热器不要长时间接入电源,此实验完成后应立即将−15 V稳压电源拆去,以免影响梁上的应变片性能。

七、思考题

(1)分析该测温电路的误差来源。

(2)如要将其作为一个0～100 ℃的较理想的测温电路,你认为还必须具备哪些条件?

4.11 热敏电阻演示实验

一、热敏电阻特性

热敏电阻的温度系数有正有负,因此分成两类:PTC热敏电阻(正温度系数)与NTC热敏电阻(负温度系数)。一般的NTC热敏电阻测量范围较宽,主要用于温度测量;而PTC突变型热敏电阻的测温温度范围较窄,一般用于恒温加热控制或温度开关,也用于电器中作自动消磁元件。有些功率PTC也作为发热元件用。PTC缓变型热敏电阻可用作温度补偿或温度测量。

一般的NTC热敏电阻测温范围为−50～+300 ℃。热敏电阻体积小、质量小、热惯性小、工作寿命长、价格便宜,并且本身阻值大,不需考虑引线长度带来的误差,适用于远距离传输等。但热敏电阻也有非线性大、稳定性差、有老化现象、误差较大、一致性差等缺点,一般只适用于低精度的温度测度。

二、实验目的

了解 NTC 热敏电阻现象。

三、所需单元及部件

加热器、热敏电阻、可调直流稳压电源、−15 V 稳压电源、F/V 表、主电源。

四、实验步骤

(1)了解热敏电阻在实验仪上的位置及符号,它是一个蓝色或棕色元件,封装在双平行振动梁上片梁的表面。

(2)将 F/V 表切换开关置 2 V 挡,直流稳压电源切换开关置±2 V 挡,按照图 4-10 接线,开启主电源,调整 R_{W1} 电位器,使 F/V 表指示 100 mV 左右。这时为室温时的输入电压 V_i。

(3)将−15 V 稳压电源接入加热器,观察电压表的读数变化,记录电压表的输入电压。

(4)由此可见,当温度_____时,R_t 阻值_____,V_i _____。

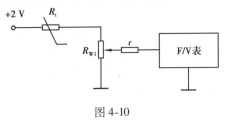

图 4-10

五、思考题

如果你手上有这样一个热敏电阻,想把它作为一个 0 ~ 50 ℃ 的温度测量电路,你认为该怎样实现?

4.12 气敏传感器实验

一、实验目的

了解气敏传感器的原理与应用。

二、所需单元

直流稳压电源、差动放大器、电桥、F/V 表、MQ3 气敏传感器。

三、旋钮的初始位置

直流稳压电源置±4 V 挡、F/V 表置 2 V 挡、差动放大器增益置最小、电桥单元中的 R_{W1} 逆时针旋到底、主电源关闭。

四、实验步骤

（1）根据实训设备仔细阅读本章末尾"拓展资料3 《微机数据采集系统软件》使用说明"，差动放大器的输入端(+)、(−)与地短接，开启主电源，将差动放大器输出调零。

（2）关闭主电源，按照图4-11接线。

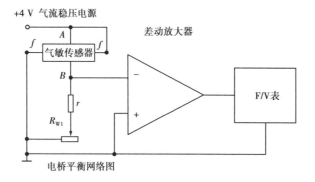

图4-11

（3）开启主电源，预热约5 min，用浸有酒精的棉球靠近传感器，轻轻吹气使酒精挥发并进入传感器金属网内，同时观察电压表的数值变化，此时电压读数＿＿＿＿＿＿。它反映了传感器AB两端间的电阻随着＿＿＿＿＿＿发生了变化，说明MQ3气敏传感器检测到了酒精气体的存在。如果电压表变化不够明显，可适当调大"差动放大器"增益。

五、思考题

如果需做成一个酒精气体报警器，你认为还需采取哪些手段？

4.13 湿敏电阻演示实验

一、实验目的

了解湿敏传感器的原理与应用。

二、实验原理

湿敏膜是高分子电解质，其电阻值的对数与相对湿度是近似线性关系。在电路中用字母"R_H"表示。湿度测量范围:10%～95%;工作精度:3%;阻值:几兆欧至几千欧;响应时间:吸湿、脱湿小于10 s。温度系数:$0.5R_H\%/℃$。

三、所需单元及元件

电压放大器、F/V表、电桥、R_H湿敏电阻、直流稳压电源。

四、旋钮的初始位置

直流稳压电源置±2 V挡、F/V表置2 V、差动放大器增益调至适中。

五、实验步骤

(1)观察湿敏电阻结构,它是在一块特殊的绝缘基底上溅射了一层高分子薄膜而形成的。

(2)按照图 4-12 接线,开启电源,调节 R_{W1} 使电压表有一个稳定的读数。

取两种不同潮湿度的海绵或其他易吸潮的材料,分别轻轻地与传感器接触,观察电压表数字变化,此时电压表的指示变化了＿＿＿＿＿＿V,也就是 R_H 阻值变化了＿＿＿＿＿＿%。说明 R_H 检测到了湿度的变化,而且随着湿度的不同阻值也不一样。

注意:

①如电压表指示变化不明显,可适当增加差动放大器增益。

②取湿材料不应太湿,有点潮即可。否则会产生湿度饱和现象,延长脱湿时间。

③R_H 的通电稳定时间、脱湿时间与环境的湿度、温度有关。

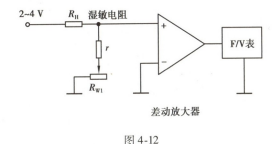

图 4-12

六、思考题

尝试用 R_H 做成一个湿度测量仪。请画出电路图并加以说明。

4.14　硅光电池演示实验

一、实验目的

了解硅光电池的原理、结构、性能。

二、实验原理

在光照作用下,元件内部产生的势垒作用,在结合部使光激发的电子-空穴分离,电子与空穴分别向相反方向移动而产生电势的现象,称为光伏效应。硅光电池就是利用这一效应制成的光电探测器件。

三、所需单元及元件

硅光电池、电流源(N 型适用)、+4 V 直流稳压电源(998A 和 998B 型适用)、F/V 表。

四、实验步骤

(1)按照图 4-13 接线。

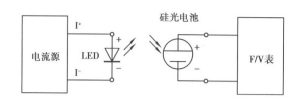

图 4-13(N 型适用)

（2A）将电流源的输出 I⁺、I⁻（N 型适用）接入扩展区的硅光电池传感器对面的发光二极管（LED）+、−处。

▲（2B）将可调直流稳压电源+4 V 输出端（998A、998B 适用）接入光电传感器安装盒+4 V 输入端。

（3）将电流源调节旋钮关至最小（N 型适用）；将实训设备上的光强源调节旋钮关至最小（998A、998B 适用）。记录下此时电压表读数，这是外界自然光对硅光电池的影响。

（4）缓慢调节电流源（N 型适用）、光强源（998A、998B 适用）调节旋钮，LED 亮度增加，注意观察电压表数字变化。

（5）电位器每旋转 20°记录一个数据，见表 4-15。

表 4-15　输出电压记录表

光强度等级	1	2	3	4	5	6	7	8	9	10
电压/V										

（6）根据数据表格，作出实验曲线。

4.15　光敏电阻演示实验

一、实验目的

了解光敏电阻的工作原理、结构、性能。

二、实验原理

入射光子使物质的导电率发生变化的现象，称为光电导效应。硫化镉（CdS）光敏电阻就是利用光电导效应的光电探测器的典型元件。根据制造方法不同，其光敏面大致可分为单结晶型、烧结型、蒸空镀膜型，即将 CdS 粉末烧结于陶瓷基片上，并在基片上作蛇型电极。通过这样的方法，可增加电极和光敏面结合部分的长度，从而可以得到大电流。另外，其封装也有多种方法，可根据其可靠性和价格来进行分类。

三、所需单元及元件

光敏电阻、电流源、可调直流稳压电源、电桥平衡网络中的 R_{W1} 电位器、F/V 表。

四、实验步骤

（1）按照图 4-14 接线。

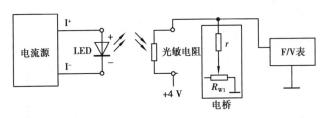

图 4-14

（2A）将电流源的输出 I⁺、I⁻（N 型适用）接入扩展区的光敏电阻对面的 LED+、−处。

▲（2B）将可调直流稳压电源+4 V 输出（998A、998B 适用）接入光敏电阻+4 V 输入端。

（3）将电流源调节旋钮关至最小（N 型适用）；将光强源调节旋钮关至最小（998A、998B适用），调节 W_1 电位使 F/V 表示值最小。

（4）缓慢调节电流源（N 型适用）、光强源（998A、998B 适用）调节旋钮，LED 亮度增加，注意观察电压表数字变化。

（5）电位器每旋转约 20°记录一个数据，见表 4-16。

表 4-16　输出电压记录表

光强	1	2	3	4	5	6	7	8	9	10
电压/V										

（6）根据数据表格，作出实验曲线。

五、注意事项

（1）因外界光对光敏元件也会产生影响，实验时应尽量避免外界光的干扰。

（2）如果实验数据不稳，应检查周围是否有人员走动、物体移动，对实验产生影响。

【拓展资料】

拓展资料 1　电路原理图

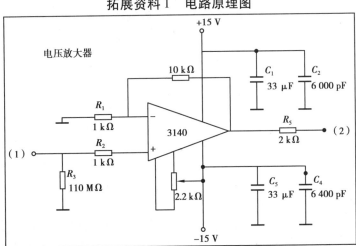

附图 1

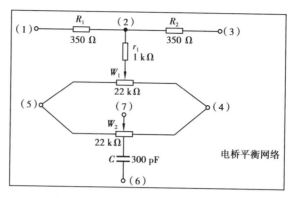

附图 2

拓展资料2　传感器安装示意图

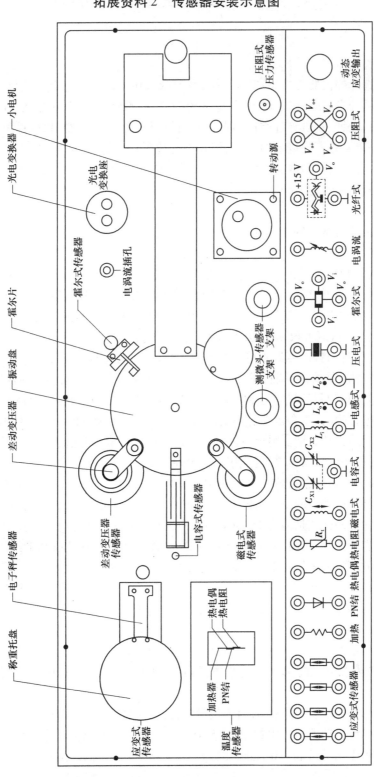

拓展资料3 《微机数据采集系统软件》使用说明

一、功能

1. 配套实验仪器

本次实验选择的仪器为杭州赛特传感技术有限公司生产的传感器实验仪。该类实验仪、实验台或模块部分设有应变式、电容式、电涡流式、差动螺管电感式、霍尔式、压电式、磁电式、热电偶、热电阻、光纤、光电等各类传感器，并提供电桥、差动放大器、相敏检测器、移相器、电荷放大器、光电转换器等测量电路，能用作几十种传感器并进行相关实验。实验仪内置嵌入式小系统，具有实时采样和数据通信功能。其微处理器为89C51单片机，A/D芯片为AD574，模拟量输入信号最大值为10 V。

2. 微机

软件操作系统为Windows XP。

3. 主要功能

（1）软件为用户提供了灵活多样的可选操作界面。实验内容可以由用户根据需要进行选择。实验方式有4种可设置，分别是动态采样、单步输入、双向单步、定时采样。采样速率有8挡可选。采样点数可以根据实验需要从1~99点之间选择。单位格X值根据用户需要可以由1到10变化。X量纲可根据所做的实验由用户设定。

（2）在动态采样时提供双踪功能，便于用户对波形进行比较。

（3）可以根据需要调整Y轴上限电压，当采样信号越界时会自动调整到合适量程。

（4）通信设置可以设置端口号和端口波特率，设置完成之后，软件会自动测试，如果端口号和端口波特率正确的话，会自动将数据保存到当前工作目录下的配置文件GLCFG.INI中，下次程序启动后会自动识别。另外，在实时采样时，软件还有通信监控功能，当计算机和实验仪器通信失败，程序会自动报警，提醒用户检测通信口。

（5）数据文件存取功能。在文件菜单中实现数据文件的打开、保存、另存为操作。文件默认保存在当前可执行程序的目录下的GLdb.dat中。当然也可以用"另存为"的方式保存到其他地方。数据文件的格式是特定的，当文件被打开后，程序会自动识别文件中数据的采样点数、采样速度、实验设置、实验名称、单位X值、X量纲等，并自动画出实验曲线。

（6）实验数据管理功能。对用户而言，登录后每做完一次成功的实验，先将数据保存到数据文件中，然后可以打印输出实验报告，并且能在实验数据库中生成一条实验记录。对管理者而言，可对实验数据库中的记录进行添加、删除、查询等操作。

（7）联机帮助功能。系统提供常用的工具，如计算器等。

4. 通信

（1）实验仪内置单片机，串行口通信方式为RS232C，波特率为9 600 Bd，1位停止位，无奇偶校验。

（2）单片机采样共有8挡速率，由上位微机控制，采样芯片为AD574，12分辨率。传感器实验仪收到命令后自动发出一组数据，以80H开始的共57个采样点，数据格式如下：

$$80H +（高8位 +0 \vdots 低四位）+\cdots+（高8位 +0 \vdots 低四位）$$

$$\underbrace{}_{1} \quad\cdots\quad \underbrace{}_{57}$$

（3）连线图

实验仪 → PC机串行
随机器配送电缆

二、应用软件安装

1. 提示

本软件包括一张光盘。

2. 安装方法

（1）先在硬盘建立新文件夹作为工作目录，名称自己定义（如赛特FORWIN），当然也可以在安装过程中边安装边建立。

（2）在光驱中插入安装光盘，进入"set-V65 安装"目录，双击运行盘片上的 SETUP. EXE 程序（该程序约 88 kB）。

（3）按照屏幕提示操作，直到安装完成。

3. 说明

安装完成后，当前工作目录中应包括下面一些类型文件：

①应用程序 sait. exe；

②配置文件 Glcfg. ini；

③ACCESS 实验数据库文件 GL. mdb；

④用户实验数据文件 GL. dat；

⑤其他演示模拟数据文件，如动态 25 Hz 500 点. dat 表示以 500 点/s 的采样速度获得的频率为 25 Hz 的正弦波数据文件；

⑥帮助文件。

4. 运行

在 Windows 系统下，进入"我的电脑"或"资源管理器"，双击 sait. exe 图标即可运行程序。或者进入光盘"set-V65 软件"目录，直接双击 sait. exe 图标。

三、软件使用说明

1. 窗口说明

（1）运行程序后，进入主界面，这是工作窗口，一般操作都在该窗口下进行。

（2）窗口最上面是标题栏，显示赛特软件的图标和 V6.5 版本号，标题栏的右面是最大化、最小化和还原按钮，通过它们可进行最大化、最小化和还原操作。

（3）标题栏下面是菜单栏，本软件共有 6 个子菜单，分别是"文件""实验""设置""分析""工具"和"关于"。

（4）菜单栏下面是窗口的主要部分，其左边是一个数据表格框，用以显示实时采样数据。其右边是一个图形框，用来显示实时采样曲线。右下角是实时时钟。最底层是设置栏，用来设置工作参数及方式，分"通信""采样""实验""操作"4 个窗口。

2. 初次使用

（1）在设置栏中，选中"通信设置"，在"通信设置"小窗口，单击 COM1 或 COM2 选择微机串型通信口。再在"通信波特率设置"小窗口，单击 9 600 Bd。

(2)打开"文件"子菜单,选择"文件打开",出现当工作目录下的 DAT 数据文件,选中一个数据文件并打开后,主窗口图形框显示该文件的图形曲线,这是系统的演示曲线,然后再打开文件子菜单,选择"文件保存",将其以 GL.dat 为文件名保存。

(3)打开实验子菜单,选择"管理实验记录",出现当前工作目录下的"GL.mdb 实验数据库"窗口,内有系统提供的约几十条格式参考记录,然后退出数据库,返回主窗口。

(4)打开文件子菜单,选择"退出"(或者单击主窗口右上角的关闭按钮),退出应用软件返回 Windows。

3. 实验操作步骤

(1)首先打开实验子菜单,选择"实验登录"。当出现"实验登录"窗口后,在用户编号文本框中输入编号(10 位字符),由用户按照院、届、系、班、学号自行编码录入,以回车结束。然后用同样方法输入姓名,也以回车结束输入。接下来在实验名称编号框中输入实验编号(2 位字符),以回车结束,在实验名称框中输入实验名称、字符型,以回车结束。若为规范实验,应打开实验名称数据库列表框,单击或拖动滚动条,再单击列表框内的实验名称,选择将要做的实验类型。这时候,计算机自动在实验编号文本框和实验名称文本框内填入选中的内容。单击确认(或取消)命令按钮,然后返回主窗口。

(2)对于实验管理员或教师,在实验登录时输入代码可获得更高的权限管理数据库。他们可以通过"添加"和"删除"两个命令按钮,对数据库进行维护,包括向数据库内添加记录、删除记录等操作。对于一般实验用户而言,这两个命令按钮无效。

(3)在设置栏"采样"窗口,选择采样速率。采样速率 8 挡可选,分别是 10 000、7 500、5 000、2 500、1 000、500、250 和 125 次/s。

(4)在"幅值"框窗口选择 Y 轴上限电压,单击选中后确认。

(5)打开"实验设置"中的"实验方式"列表框,选择实验方式。实验方式有 4 种可选,分别是动态采样、单步输入、双向单步、定时采样。

(6)根据实验要求单击"实验设置"中的"单位值"进行 X 单位选择。

(7)根据实验要求单击"实验设置"中的"采样步数"进行选择。静态实验的采样点数从 1~99 点可选,动态实验每一次通信从下位机中采集 57 个数据后画出波形曲线。

(8)根据实验要求单击"实验设置"中的"X 值量纲"选择所需的 X 量纲。

(9)单击"常规"按钮,选择常规工作方式。

(10)联机实验(具体方法后面根据不同的实验方式进行介绍)。

(11)如果选择了"连续"按钮,采样将以自动扫描方式进行,相当于一台低频示波器,通过设置栏"实验"窗口的帧切换框。可改变扫描的速度,单击"操作"窗口的"低频慢扫描"按钮,即可运行。

(12)实验完成后,打开文件子菜单,选择"文件保存",出现当前工作目录下的 DAT 数据文件,选中 GL.dat 后保存。或者用"另存为"的方法将数据文件存入到软盘。一般 GL.dat 数据文件每次保存时都将上一次的内容覆盖,只能作为临时存放文件,故建议用户用另存为的方法将数据文件存放到软盘。

(13)打开"实验"子菜单,选择"保存实验记录"进行保存。

(14)若打印机已连接,可打开"实验"子菜单,选择"打印实验报告",这时出现 Windows 的"打印"窗口,用户先选择"属性",再打开"属性"窗口,选择"A4 纸复印纸""横向打印"后确认,即可进行打印。

(15)打开"管理实验记录"子菜单,在实验数据库中核对本次实验记录。

(16)单击"复位"命令按钮准备进行下一个实验,或者打开文件子菜单,选择"退出",则退出应用软件返回 Windows。

4. 实验记录管理

(1)实验记录数据库为 ACCESS 数据库,文件名为 GL. mbd,放在当前工作目录,由下列字段组成:

编　　号:10 位文本类型;

姓　　名:10 位文本类型;

实验名称:50 位文本类型;

实验编号:10 位文本类型;

实验日期:8 位日期类型;

采样点数:整型数值类型;

数据文件:50 位文本类型(存放数据文件的路径)。

进入实验数据库,出现卡片式界面,每一张卡片内显示一张表,代表实验记录的一种排序方式,共有 5 种方式,分别是按顺序、按编号、按姓名、按实验日期和按实验名称。

(2)学生每做完一次实验,先将数据保存到数据文件,然后打印输出实验报告,并且在实验数据库中生成一条实验记录。学生可以打开"管理实验记录"子菜单,在实验数据库中查看实验记录。

(3)实验管理员或教师,在实验登录时键入代码可获得更高的权限对实验数据库记录进行删除、修改、查询等操作。

(4)实验记录删除操作:进入"实验数据库"窗口,出现数据库表格。用鼠标单击左边的"记录指示"箭头,选中记录后按 DEL 键删除该记录。

(5)实验记录修改操作:进入"实验数据库"窗口,出现数据库表格。用鼠标单击左边的"记录指示"箭头选中记录,或者用上下移动键也可以改变当前记录指针的位置。选定要修改的记录后,用鼠标单击要修改的字段进行修改(也可以用左右移动键操作)。修改操作中,Windows 的复制(CTRL+C)、剪切(CTRL+X)、粘贴(CTRL+V)快捷键均有效。

(6)增加实验记录:除了用保存实验记录的方法增加一条记录外,管理员还可以进入"实验数据库"窗口,手工添加记录。方法是:将指针移动到数据库底部,则数据库自动增加一条空记录(表格左边显示 * 标记),然后人工输入该记录字段的内容后退出。

(7)若有汇总或者统计要求,则需定期复制并整理数据库存,以防数据丢失。

5. 实验方式

实验方式可分为动态采样、单步采样、双向单步采样和定时采样。用户根据具体实验内容来选择实验方法。通常,动态采样适用于采样随时间变化的实时曲线,单步采样适用于自变量方向递增或递减的实验,双向单步适用于自变量正反向可变的实验,定时采集则适合等时间间隔采样,连续采样。

1)动态采样

首先要完成动态实验连接准备工作,接下来,单击"操作"窗口中"开始"命令按钮,计算机便以预先设定的采样速度连续采集 57 点数据,并在屏幕左边数据框中,显示出 57 个动态数据。然后一次性绘出采样曲线波形，并在图形上方同步显示该波形的最大值、最小值。

屏幕图形框中，X 轴坐标单向，表示时间，共分成 30 格，每一格表示一个时间单位。Y 轴坐标双向，表示实验仪输出的电压信号。Y 轴坐标电压上下限可以打开 Y 轴电压上限列表框改变，其正向的最大值为 -100 mV。当采集数据的最大值超过用户选定的 Y 轴电压上限时，系统会提示后自动进行调整。工作时，每单击"开始"命令按钮，便显示一条曲线。动态采样还有双踪功能，若用户选中"驻踪"复选取框则处理双踪，这时计算机不清除上一次的曲线，用另一种前景颜色画出第二次采集到的曲线，便于用户进行比较分析。

2）单步采样

用户首先要完成单步实验连接准备工作，然后，单击"开始"命令按钮。原先采样按钮的文字是"开始"，当第一次按下后，就把"开始"改为"下一个"，这时，"实验设置"各列表框无法改动。每单击"开始"命令按钮一次，计算机采样一批数据求出平均值并在坐标上画出曲线。重复实验步骤直到达到设定的采样点数后结束过程。

单步采样的图形框中，X 轴坐标单向，根据用户设定的采样点数区分成 30 格、60 格、60 格以上 3 种，每一格表示一个 X 单位值，其量纲也由用户设定。Y 轴坐标双向，表示实验仪输出的电压信号均值。Y 轴坐标电压上下限也可以打开 Y 轴电压上限列表框选择，单击后确定。Y 轴坐标电压越限时系统也能自动调整。

单步采样时，窗口下方的数据表中还同步显示实时数据。

3）双向单步采样

基本和单步方式相同，与单步有所区别的是原点坐标位于图片框中央。计算机在程序中判断并标识采样点的 X 坐标。当第一次选定双向单步采样时，原来"开始"按钮会变成"正向"，并且会显示出一个"归零"按钮和一个"反向"按钮。正向采样时，按下"正向"按钮后，X 为正向累加，当按下"归零"按钮后，X 归零，当按下"反向"按钮则负向递减。在双向单步采样实验过程中，当 X 正向变化，实验仪输出正电压，则实验曲线画在坐标的第 1 象限，实验仪输出负电压，则实验曲线画在坐标的第 4 象限。而当 X 反向变化，实验仪输出正电压，则实验曲线画在坐标的第 2 象限，实验仪输出负电压，则实验曲线画在坐标的第 3 象限，窗口下方也显示一个工作数据表，与单步输入模式相同。

实验操作时，用户一般先做正向输入变化的实验，每做完一步，便单击"正向"命令按钮一次，系统便自动绘出该点的实验曲线，并在工作数据表中同步显示 Y 值。当正向输入变化实验结束，用户单击"归零"命令按钮，则坐标归原点，然后进行逆向操作。若用户做的是回差实验，则坐标点不应归零。

4）定时采样

进入该模式，屏幕显示的工作画面与单步采样基本相同。与单步采样有所区别的是，在主窗口的底部出现进度条并自动显示当前的工作进度。操作时用户不需要单击"命令"按钮，由系统定时采集数据。

6. 分析

1）实验数据表

选中实验数据表，计算机将当前的数据（动态及静态）以表格的方式显示。

2）动态频率分析

屏幕先显示图形框及曲线，然后用户选中一个完整的动态波形曲线，单击左键选择波形起点，单击右键选择波形终点，接下来，屏幕自动显示动态波形的频率。用户按下回车键后重复过程。

3）非线性误差分析

软件还能对图形框中的曲线分段进行非线性误差分析。单击非线性误差分析的卡片框，屏幕先出现图形框及曲线，图形框的下面还有一个滑块。然后，计算机扫描鼠标键，判断用户按下的左右键信号并作相应的处理。用户应先单击左键选择线段的起点，然后用左键拖动滑块至线段的终点，放下滑块表示选择结束。软件自动在起点和终点之间用线段连接，并显示出最大偏差值。用户单击右键后重复该过程。

由于软件能进行线性分段及重复分析，对于那些需要分段进行非线性误差补偿的设计场合，该软件提供了极大的方便。

7. 计算器

为方便用户，软件提供了一个计算器，主窗口的快捷键是 CTRL+J。

8. 弹出菜单

用户单击右键快捷键，可以打开弹出菜单。

9. 退出应用软件

方法一：选择文件中的退出子菜单；

方法二：双击主窗口右面窗体；

方法三：单击主窗口右上方的"关闭"按钮。

第三篇
工作场所有害因素检测

为了进一步规范工作场所有害因素检测工作,提高职业病危害因素检测工作质量,根据《中华人民共和国职业病防治法》、《工作场所有害因素职业接触限值》(GBZ 2.1—2019,GBZ 2.2—2007)、《工作场所空气中有害物质监测的采样规范》(GBZ 159—2004)、《工作场所空气中粉尘测定》(GBZ/T 192—2007)、《工作场所空气有毒物质测定》(DB37/T 3023—2017)、《工作场所物理因素测量》(GBZ/T 189—2007)等有关规定,本篇结合理论知识,从工作场所有害因素职业接触物理、化学等因素进行实验安排。

第 5 章
工作场所空气中粉尘测定

作业场所粉尘浓度检测是为了了解作业场所粉尘的平均浓度和不同位置的粉尘浓度。采样点要考虑尘源的时间和空间扩散规律,根据工艺流程和操作方法确定采样点,应能代表粉尘对人体健康的实际危害状况。测定时通常采集呼吸带水平的粉尘。

5.1　总粉尘浓度测定（滤膜质量法）

一、实验目的

（1）熟练掌握滤膜的装置和拆置、流量的调整、气路的检查、粉尘采样仪的现场布点和采样操作（特别是采样时间的判断），以及分析天平的使用。

（2）基本掌握影响测定结果的重要环节和注意事项，以及生产环境空气中总粉尘浓度的测定的劳动卫生学评价。

（3）了解滤膜质量法测定总粉尘浓度的原理。

二、实验原理

空气中的总粉尘用已知质量的滤膜采集，由滤膜的增量和采气量，计算出空气中总粉尘的浓度。

三、实验仪器

（1）滤膜：过氯乙烯滤膜或其他测尘滤膜。

空气中粉尘浓度不高于 50 mg/m³ 时，用直径 37 mm 或 40 mm 的滤膜；粉尘浓度高于 50 mg/m³ 时，用直径 75 mm 的滤膜。

（2）粉尘采样器：包括采样夹和采样器两部分。

①采样夹：应满足总粉尘采样效率的要求，气密性检查按本章拓展资料 1 进行。

a. 粉尘采样夹：可安装直径 40 mm 和 75 mm 的滤膜，用于定点采样。

b. 小型塑料采样夹：可安装直径不大于 37 mm 的滤膜，用于个体采样。

②采样器：性能和技术指标应满足《工作场所空气中粉尘测定 第一部分：总粉尘浓度》（GBZ/T 192.1—2007）。需要防爆的工作场所应使用防爆型粉尘采样器。

用于个体采样时，流量范围为 1~5 L/min；用于定点采样时，流量范围为 5~80 L/min；用于长时间采样时，连续运转时间应超过 8 h。

（3）分析天平，感量 0.1 mg 或 0.01 mg。

（4）秒表或其他计时器。

（5）干燥器，内装变色硅胶或干燥箱。

（6）镊子。

（7）除静电器。

四、实验步骤

（一）样品的采集

1. 滤膜的准备

（1）干燥：称量前，将滤膜置于干燥器内 2 h 以上（衬纸和滤膜放烘箱中 70 ℃ 干燥后，一同置于天平上称量，记录初始质量，然后将滤膜装入滤膜夹）。

（2）称量：用镊子取下滤膜的衬纸，将滤膜通过除静电器，除去滤膜的静电，在分析天平上准确称量。在衬纸上和记录表上记录滤膜的质量和编号。将滤膜和衬纸放入相应容器中备用，或将滤膜直接安装在采样头上。

（3）安装：滤膜毛面应朝进气方向，滤膜放置应平整，不能有裂隙或褶皱。用直径 75 mm 的滤膜时，做成漏斗状装入采样夹。

2. 采样

现场采样按照《工作场所空气中有害物质监测的采样规范》（GBZ 159—2004）执行。

1）定点采样

根据粉尘检测的目的和要求，可以采用短时间采样或长时间采样。

（1）短时间采样：在采样点，将装好滤膜的粉尘采样夹，在呼吸带高度以 15～40 L/min 流量采集 15 min 空气样品。

（2）长时间采样：在采样点，将装好滤膜的粉尘采样夹，在呼吸带高度以 1～5 L/min 流量采集 1～8 h 空气样品（由采样现场的粉尘浓度和采样器的性能等确定）。

2）个体采样

将装好滤膜的小型塑料采样夹，佩戴在采样对象的前胸上部，进气口尽量接近呼吸带，以 1～5 L/min 流量采集 1～8 h 空气样品（由采样现场的粉尘浓度和采样器的性能等确定）。

3）模拟工作场所采样

在条件限制的情况下可选择教室作为工作场所，首先是 5 min 的自然状态下的实验室粉尘采集；拍打黑板擦采样 1 次/5 min。

采样的持续时间：根据测尘点的粉尘浓度估计值及滤膜上所需粉尘增量的最低值确定采样的持续时间，但一般不得小于 10 min（当粉尘浓度高于 10 mg/m³ 时，采气量不得小于 0.2 m³；低于 2 mg/m³ 时，采气量为 0.5～1 m³）。采样持续时间一般按式（5-1）估算：

$$t > \frac{\Delta m \times 1\ 000}{C'Q} \tag{5-1}$$

式中　t——采样持续时间，min；

　　　Δm——要求的粉尘增量，其质量应大于或等于 1 mg；

　　　C'——作业场所的估计粉尘浓度，mg/m³；

　　　Q——采样时的流量，L/min。

4）滤膜上总粉尘的增量（Δm）要求

无论定点采样或个体采样，要根据现场空气中粉尘的浓度、使用采样夹的大小和采样流量及采样时间，估算滤膜上总粉尘的增量（Δm）。使用直径不大于 37 mm 的滤膜时，Δm 不得大于 5 mg；使用直径为 40 mm 的滤膜时，Δm 不得大于 10 mg；使用直径为 75 mm 的滤膜时，Δm 不限。

采样前，要通过调节使用的采样流量和采样时间，防止滤膜上粉尘增量超过上述要求（即过载）。采样过程中，若有过载可能，应及时更换采样夹。

（二）样品的保存

采样后，取出滤膜，将滤膜的接尘面朝里对折两次，置于清洁容器内。或将滤膜或滤膜夹取下，放入原来的滤膜盒中，室温下保存。运输和保存过程中应防止粉尘脱落或污染。

（三）样品的称量

（1）称量前，将采样后的滤膜置于干燥器内 2 h 以上，除静电后，在分析天平上准确称量。

(2)滤膜增量 $\Delta m \geqslant 1$ mg 时,可用感量为 0.1 mg 的分析天平称量;滤膜增量 $\Delta m \leqslant 1$ mg 时,应用感量为 0.01 mg 分析天平称量。

(四)浓度的计算

按式(5-2)计算空气中总粉尘的浓度:

$$C = \frac{m_2 - m_1}{Q \times t} \times 1\,000 \tag{5-2}$$

式中　C——空气中总粉尘的浓度,mg/m³;

　　m_2——采样后的滤膜质量,mg;

　　m_1——采样前的滤膜质量,mg;

　　Q——采样流量,L/min;

　　t——采样时间,min。

空气中总粉尘时间加权平均浓度按《工作场所空气中有害物质监测的采样规范》(GBZ 159—2004)规定计算。

(五)实验结果

将实验测量结果形成实验报告。

五、注意事项

(1)本实验方法最低检出浓度为 0.2 mg/m³(以感量为 0.01 mg 的天平,采集 500 L 空气样品计)。

(2)当过氯乙烯滤膜不适用时(如在高温情况下采样),可用超细玻璃纤维滤纸。

(3)长时间采样和个体采样主要用于时间加权平均容许浓度(PC-TWA)评价时采样。短时间采样主要用于超限倍数评价时采样,也可在以下情况下,用于 PC-TWA 评价时采样:①工作日内,空气中粉尘浓度比较稳定,没有大的浓度波动,可用短时间采样方法采集 1 个或数个样品;②工作日内,空气中粉尘浓度变化有一定规律,即有几个浓度不同但稳定的时段时,可在不同浓度时段内,用短时间采样,并记录劳动者在此浓度下接触的时间。

(4)采样前后,滤膜称量应使用同一台分析天平。

(5)测尘滤膜通常带有静电,影响称量的准确性,因此,应在每次称量前除去静电。

(6)采集的样品在室温下运输,携带运输过程中应防止粉尘脱落或二次污染。

六、思考题

(1)工作场所空气中总粉尘测定滤膜质量法所选用的滤膜有哪些要求?

(2)滤膜称量对分析天平的要求有哪些注意事项?

【拓展资料】

实验 5.1 依据《工作场所空气中粉尘测定 第一部分:总粉尘浓度》(GBZ/T 192.1—2007)的测定方法测定总粉尘浓度中粉尘采样器材的参考技术指标、粉尘定点采样点和采样位置、粉尘 TWA 浓度测定见拓展资料。

拓展资料 1　粉尘采样器材的参考技术指标

(1)滤膜:用直径 0.3 μm 的油雾颗粒进行检测时,滤膜的阻留率不小于 99%;用 20 L/min

的流量采样,过滤面积为 8 cm² 时,滤膜的阻力不大于 1 000 Pa;因大气中湿度变化而造成滤膜的质量变化,不大于 0.1% 。

(2)采样夹:总粉尘采样夹理想的入口流速为 1.25 m/s±10% 。

(3)气密性:将滤膜夹上装有塑料薄膜的采样头放于盛水的烧杯中,向采样头内送气加压,当压差达到 1 000 Pa 时,水中应无气泡产生;或用手指完全堵住采样头的进气口,转子应迅速下降到流量计底部;自动控制流量的采样器,则进入停止运转状态。

(4)流量计:精度为±2.5% 。

(5)个体采样泵能连续运转 480 min 以上。定点大流量采样泵能连续运转 100 min 以上,采气流量(带滤膜)大于 15 L/min,负压应大于 1 500 Pa 。

(6)用感量为 0.01 mg 天平称量、个体采样法测定粉尘 8 h TWA 浓度时,以 3.5 L/min 采样,适用的空气中粉尘浓度范围为 0.1 ~ 3 mg/m³;以 2 L/min 采样,适用粉尘浓度范围为 0.2 ~ 5.2 mg/m³ 。

用感量为 0.1 mg 天平称量、个体采样法测定粉尘 8 h TWA 浓度时,以 3.5 L/min 采样,适用的空气中粉尘浓度范围为 0.6 ~ 3 mg/m³;以 2 L/min 采样,适用粉尘浓度范围为 1.2 ~ 5.2 mg/m³ 。若粉尘浓度过高,应缩短采样时间,或更换滤膜后继续采样。

拓展资料2　粉尘定点采样点和采样位置举例

1. 工厂粉尘定点采样点和采样位置的确定

1)采样点

(1)一个厂房内有多台同类产尘设备生产时,3 台以下者选 1 个采样点,4 ~ 10 台者选 2 个采样点,10 台以上者,至少选 3 个采样点;同类设备处理不同物料时,按物料种类分别设采样点;单台产尘设备设 1 个采样点。

(2)移动式除尘设备按经常移动范围的长度设采样点。20 m 以下者设 1 个,20 m 以上者在装、卸处各设 1 个采样点。

(3)在集中控制室内,至少设 1 个采样点,操作岗位也不得少于 1 个采样点。

(4)皮带长度在 10 m 以下者设 1 个采样点;10 m 以上者在皮带头、尾部各设 1 个采样点。高式皮带运输转运站的机头、机尾各设 1 个采样点;转运站设 1 个采样点。

2)采样位置

采样位置选择在接近操作岗位的呼吸带高度。

2. 地下矿山(金属矿、非金属矿)和隧道工程粉尘定点采样点和采样位置的确定

1)采样点

(1)掘进按工作面各设 1 个采样点。

(2)洞室型采场按凿岩、运矿等作业类别设采样点。巷道型采场按作业的巷道数设采样点,切割工程量在 50 m³ 以上的采场工作面设 1 个采样点,开凿漏斗时以一个矿块为 1 个采样点。

(3)漏斗放矿按采场设采样点,但在同一风流中相邻的几个采场同时放矿时,只设 1 个采样点,巷道型采矿法出矿按巷道数设采样点。使用皮带转载机运输时,每一皮带转载机、装车站、翻车笼等各设 1 个采样点。溜井的倒矿和放矿分别设 1 个采样点。主要运输巷道按中段数设采样点。

(4)破碎洞室设 1 个采样点。

（5）打锚杆、搅拌混凝土、喷浆当月在 5 个班以上时，分别设采样点。

（6）更衣室设 1 个采样点。

2）采样位置

（1）凿岩作业的采样位置，设在距工作面 3～6 m 的回风侧；多台凿岩机同时作业的采样位置，设在通风条件较差的一台处。机械装岩作业、打眼与装岩同时作业和掘进机与装岩机同时作业的采样位置，设在距装岩机 4～6 m 的回风侧；人工装岩的采样位置设在距装岩工约1.5 m 的下风侧。普通法掘进天井的采样位置，设在安全棚下的回风侧；吊罐或爬罐法掘进天井的采样位置，设在天井下的回风侧。

（2）洞室型、巷道型采场作业的采样位置，设在距产尘点 3～6 m 的回风侧；多台凿岩机同时作业的采样位置，设在通风条件较差的一台处。电耙作业的采样位置，设在距工人操作地点约 1.5 m 处。

（3）溜井和漏斗的倒矿和放矿作业的采样位置，设在下风侧约 3 m 处。皮带转载机、装车站、翻罐笼等产尘点的采样位置，均设在产尘点下风侧 1.5～2 m 处。主要运输巷道的采样位置，设在污染严重的地点。

（4）喷浆、打锚杆作业的采样位置，设在距工人操作地点下风侧 5～10 m 处。

3. 露天矿山粉尘定点采样点和采样位置的确定

1）采样点

（1）每台钻机（潜孔钻、牙轮钻、冲击钻等）的驾驶室内设 1 个采样点，钻机处设 1 个采样点。台架式风钻（包括轻型、重型凿岩机）凿岩，按工作面设采样点。

（2）每台电铲、柴油铲的司机室内设 1 个采样点，司机室外设 1 个采样点。每台铲运机司机室内设 1 个采样点，司机室外设 1 个采样点。每台装岩机设 1 个采样点。每个人工挖掘工作面设 1 个采样点。

（3）车辆（汽车、电机车、内燃机车、推土机和压路机等）的司机室内设一个采样点。其他运输（索道、皮带、斜坡道、板车、人工等运输）在转运点或落料处设采样点。

（4）一条工作台阶路面设 1 个采样点。永久路面（采矿场到卸矿仓或废石场之间）设 2～4 个点。

（5）每个二次爆破凿岩区设 1 个采样点。

（6）每个废石场、卸矿仓、转运站的作业处各设 1 个采样点。

（7）每个独立风源设 1 个采样点。

（8）溜矿井的倒矿和放矿处分别设采样点。计量房、移动式空压机站分别设 1 个采样点。保养场、材料库、卷扬机房、水泵房和休息室等处，均应分别设 1 个采样点。

2）采样位置

（1）电铲、钻机、铲运机、车辆等司机室内的采样位置，设在司机呼吸带内。

（2）钻机外的采样位置，设在距钻机 3～5 m 的下风侧。铲运机外的采样位置，设在距铲岩处 1.5～3 m 的下风侧。台架式风钻凿岩的采样位置，设在距工人操作处 1.5～3 m 的下风侧。

（3）电铲外的采样位置，设在电铲装载和卸载中点的下风侧。铲运机外的采样位置，设在距铲岩处 1.5～3 m 的下风侧。装岩机及人工挖掘工作面的采样位置，设在距挖掘处 1.5～3 m 的下风侧。

（4）机动车辆以外的其他运输作业的采样位置，设在距转运点或落料处 1.5～3 m 的下风侧。工作台阶路面,永久路面的采样位置,设在扬尘最大地段的下风侧。

(5)二次爆破凿岩区的采样位置,设在距凿岩处 3~5 m 的下风侧。

(6)废石场、卸矿仓、转运站的采样位置,均设在卸载处的下风侧。

(7)独立风源的采样位置,设在采场的实际上风侧,而且不应受采场内任何含尘气流的影响。溜矿井倒矿、放矿作业的采样位置,设在距井口 5~10 m 的下风侧。计量房、移动式空压机站、保养场、水泵房等场所的采样位置,设在工人操作呼吸带高度。

4.煤矿井下作业粉尘定点采样点和采样位置的确定

1)采煤作业面的采样点

(1)炮采作业面在钻孔工人运煤工作处设 1 个采样点。

(2)机采、综采作业面、采煤机司机、助手工作处各设 1 个采样点;运煤工作处设 1 个采样点。

(3)顶板作业处设 1 个采样点。

2)掘进作业面的采样点

(1)岩石掘进、半煤岩掘进、煤掘进工作面的凿岩工、运矿工作处设 1 个采样点。

(2)矿车司机工作处设 1 个采样点。

3)采样位置

(1)凿岩工采样位置设在距工作面 3~6 m 的回风侧,运矿作业采样位置设在距工人工作处 3~6 m 下风侧。

(2)采煤机司机及助手作业设在距工人操作处 1.5 m 下风侧。

(3)顶板支护作业处采样位置距工人作业点 1.5 m 下风侧。

5.车站、码头、仓库产尘货物搬运存放时粉尘定点采样点和采样位置的确定

1)采样点

(1)车站、码头、仓库、车船等装卸货物作业处,分别设 1 个粉尘采样点;皮带输送货物时,装卸处分别设 1 个采样点。

(2)车站、码头、仓库存放货物处,分别设 1 个采样点。

(3)人工搬运货物时,来往行程超过 30 m 以上者,除装卸处设粉尘采样点外,中途设 1 个采样点。

(4)晾晒粮食时,设 1 个采样点。

(5)物品存放仓库内接触粉尘时,在包装、发放处各设 1 个采样点。

2)采样位置

采样位置一般设在距工人 2 m 左右呼吸带高度的下风侧;粮食囤边采样,应距囤 10 m 左右。

拓展资料3 粉尘 TWA 浓度测定示例

1.个体采样法示例

某锅炉车间选择 2 名采样对象(接尘浓度最高和接尘时间最长者)佩戴粉尘个体采样器,连续采样 1 个工作班(8 h),采样流量 3.5 L/min,滤膜增重分别为 2.2 mg 和 2.3 mg。按式(5-1)计算:

$$C_{TWA1} = 2.2 \div (3.5 \times 480) \times 1\,000 \text{ mg/m}^3 = 1.31 \text{ mg/m}^3$$

$$C_{\mathrm{TWA2}} = 2.3 \div (3.5 \times 480) \times 1\,000 \ \mathrm{mg/m^3} = 1.37 \ \mathrm{mg/m^3}$$

2.定点采样法示例

1)接尘时间8 h计算示例

某锅炉车间在工人经常停留的作业地点选5个采样点,测定5个采样点的粉尘浓度及工人在该处的接尘时间,测定结果见表5-1。

表5-1　车间采样点粉尘浓度及工人接尘时间测定结果

作业区域	工作点平均浓度/$(\mathrm{mg \cdot m^{-3}})$	接尘时间/h
煤场	0.34	2.0
进煤口	4.02	0.8
电控室	0.69	4.5
出渣口	2.65	0.3
清扫处	7.74	0.4

计算8 h TWA浓度为:$C_{\mathrm{TWA}} = (0.34 \times 2.0 + 4.02 \times 0.8 + 0.69 \times 4.5 + 2.65 \times 0.3 + 7.74 \times 0.4) /$ 8 $\mathrm{mg/m^3} = 1.36 \ \mathrm{mg/m^3}$

2)接尘时间不足8 h计算示例

某工厂工人间断接触粉尘,总的接触粉尘时间不足8 h,工作地点的粉尘浓度及接尘时间测定结果见表5-2。

表5-2　车间采样点粉尘浓度及工人接尘时间测定结果

工作时间	工作点平均浓度/$(\mathrm{mg \cdot m^{-3}})$	接尘时间/h
08:30—10:30	2.5	2.0
10:30—12:30	5.3	2.0
13:30—15:30	1.8	2.0

计算TWA浓度为:$C_{\mathrm{TWA}} = (2.5 \times 2 + 5.3 \times 2 + 1.8 \times 2)/8 \ \mathrm{mg/m^3} = 2.4 \ \mathrm{mg/m^3}$

3)接尘时间超过8 h计算示例

某工厂工人在一个工作班内接尘工作6 h,加班工作中接尘3 h,总接尘时间为9 h,接尘时间和工作点粉尘浓度测定结果见表5-3。

表5-3　车间采样点粉尘浓度及工人接尘时间测定结果

时间	工作任务	工作点平均浓度/$(\mathrm{mg \cdot m^{-3}})$	接尘时间/h
08:15—10:30	任务1	5.3	2.25
11:00—13:00	任务2	4.7	2.0
14:00—15:45	整理	1.6	1.75
16:00—19:00	加班	5.7	3.0

计算TWA浓度为:$C_{\mathrm{TWA}} = (5.3 \times 2.25 + 4.7 \times 2 + 1.6 \times 1.75 + 5.7 \times 3)/8 \ \mathrm{mg/m^3} = 5.2 \ \mathrm{mg/m^3}$

5.2 呼吸性粉尘浓度的测定(滤膜质量法)

一、实验目的

(1)熟练掌握空气中呼吸性粉尘浓度的测定方法;

(2)掌握测定仪器的正确操作方法;

(3)基本掌握测定数据的分析与处理。

二、实验原理

空气中粉尘通过采样器上的预分离器,分离出的呼吸性粉尘颗粒采集在已知质量的滤膜上,由采样后的滤膜增量和采气量,计算出空气中呼吸性粉尘的浓度。

三、实验仪器

(1)滤膜:过氯乙烯滤膜或其他测尘滤膜。

(2)呼吸性粉尘采样器:主要包括预分离器和采样器。

①预分离器:对粉尘粒子的分离性能应符合呼吸性粉尘采样器的要求,即采集的粉尘的空气动力学直径应在 7.07 μm 以下,且直径为 5 μm 的粉尘粒子的采集率应为 50%。

②采样器:性能和技术指标应满足行业相关标准的规定。需要防爆的工作场所应使用防爆型粉尘采样器。

(3)分析天平,感量 0.01 mg。

(4)秒表或其他计时器。

(5)干燥器,内盛变色硅胶。

(6)镊子。

(7)除静电器。

四、实验步骤

(一)样品的采集

1.滤膜的准备

(1)干燥:称量前,将滤膜置于干燥器内 2 h 以上。

(2)称量:用镊子取下滤膜的衬纸,除去滤膜的静电;在分析天平上准确称量。在衬纸上和记录表上记录滤膜的质量 m_1 和编号;将滤膜和衬纸放入相应容器中备用,或将滤膜直接安装在预分离器内。

(3)安装:安装时,滤膜毛面应朝进气方向,滤膜放置应平整,不能有裂隙或褶皱。

2.预分离器的准备

按照所使用的预分离器的要求,做好准备和安装。

3.采样

现场采样按照《工作场所空气中有害物质监测的采样规范》(GBZ 159—2004)执行,并参照《工作场所空气中粉尘测定 第一部分:总粉尘浓度》(GBZ/T 192.1—2007)附录 A 执行。

1)定点采样

根据粉尘检测的目的和要求,可以采用短时间采样或长时间采样。

(1)短时间采样:在采样点,将连接好的呼吸性粉尘采样器,在呼吸带高度以预分离器要求的流量采集 15 min 空气样品。

(2)长时间采样:在采样点,将装好滤膜的呼吸性粉尘采样器,在呼吸带高度以预分离器要求的流量采集 1～8 h 空气样品(由采样现场的粉尘浓度和采样器的性能等确定)。

2)个体采样

将连接好的呼吸性粉尘采样器,佩戴在采样对象的前胸上部,进气口尽量接近呼吸带,以预分离器要求的流量采集 1～8 h 空气样品(由采样现场的粉尘浓度和采样器的性能等确定)。

3)采样地点

班级以小组为单位,选择校园工厂、邻近机械厂、邻近化工厂、邻近建筑工地或单位粉尘量较大区域作为本次测量地点。

4)滤膜上粉尘增量(Δm)要求

无论定点采样或个体采样,要根据现场空气中粉尘的浓度、使用采样夹的大小和采样流量及采样时间,估算滤膜上 Δm。采样时要通过调节采样时间,控制滤膜粉尘 Δm 数值在 0.1～5 mg 的要求。否则,有可能因铝膜过载造成粉尘脱落。采样过程中,若有过载可能,应及时更换呼吸性粉尘采样器。

(二)样品的保存

采样后,从预分离器中取出滤膜,将滤膜的接尘面朝里对折两次,置于清洁容器内室温保存。

(三)样品的称量

称量前,将采样后的滤膜置于干燥器内 2 h 以上,除静电后,在分析天平上准确称量,记录滤膜和粉尘的质量 m_2。

(四)浓度的计算

空气中呼吸性粉尘的浓度按式(5-3)进行计算:

$$C = \frac{m_2 - m_1}{Q \times t} \times 1\ 000 \tag{5-3}$$

式中　C——空气中呼吸性粉尘的浓度,mg/m³;

m_2——采样后的滤膜质量,mg;

m_1——采样前的滤膜质量,mg;

Q——采样流量,L/min;

t——采样时间,min。

空气中呼吸性粉尘的时间加权平均浓度按《工作场所空气中有害物质监测的采样规范》(GBZ 159—2004)规定计算。

五、注意事项

(1)本法的最低检出浓度为 0.2 mg/m³(以感量 0.01 mg 天平,采集 500 L 空气样品计)。

(2)采样前后,滤膜称量应使用同一台分析天平。

(3)测尘滤膜通常带有静电,影响称量的准确性,因此,应在每次称量前除去静电。

(4)要按照所使用的呼吸性粉尘采样器的要求,正确应用滤膜和采样流量及粉尘增量,不能任意改变采样流量。

(5)样品需运输的,在运输过程中应防止粉尘脱落或污染。

六、思考题

(1)滤膜上粉尘增量 Δm 要求有哪些?

(2)样品的保存注意事项有哪些?

5.3 工作场所粉尘浓度快速检测
——手持式激光粉尘浓度连续测试仪的使用

一、实验目的

(1)掌握便携式激光粉尘检测仪——手持式激光粉尘浓度连续测试仪的使用方法;

(2)了解便携式激光粉尘检测仪——手持式激光粉尘浓度连续测试仪的工作原理。

二、实验原理

当光照射在空气中悬浮的粒子上时,产生光散射。在光学系统和粉尘性质一定的条件下,散射光强度与粉尘浓度成比例。光散射法测定空气中的粉尘浓度是通过测量散射光强度,经过转换求得粉尘质量浓度的方法。

三、实验仪器

手持式激光粉尘浓度连续测试仪。

四、实验步骤

选择校园工厂和临近校外公路段测量其粉尘浓度。

1. 开机

开机前摘下仪器上部气口塑料帽。

2. 测量

按下"测试"键,显示屏显示 PM2.5 待测,测试 1 min 后显示出测量结果,此时仪器自动开始第二次的测试,测试 1 min 后屏幕原显示 PM2.5 测量值更换为第 2 min 的测试值,同时将第一个测试值自动存入存储器,显示器上的测试值为上 1 min 测试的单位立方米 PM2.5 的浓度。

3. 数据查询

在主屏"请操作"提示下,稍等 2 s 按"存贮/校正"键,主屏幕显示最新测试的一组粒子数据。

4. 数据打印

仪器与打印机连接后,开启打印机电源,打印机电源指示灯亮,在主屏"请操作"提示下,按"存贮/校正"键。

5. 复位

当需改变仪器的当前状态时,按"复位"键,仪器返回"请操作"。

6. 关机

仪器使用完毕,请关闭电源开关,并将进气口塞盖上。

五、注意事项

(1)要求选择的激光粉尘浓度连续测试仪可吸入粉尘测量范围为 0.001 ~ 10 mg/m^3;1 ~ 999 999 粒/L;或满足 PM2.5 和 PM10 检测范围为 0.001 ~ 10 mg/m^3;PM10 检测范围为 0.001 ~ 20 mg/m^3。

(2)要求选用仪器的粉尘浓度测量相对误差不大于±10%;稳定性相对误差为±2.5%;采样流量误差不大于2.5%;仪器测定的重现性误差平均相对标准差小于±7%。

(3)建议测量场所温度在 0 ~ 35 ℃,湿度在20% ~ 70%。

六、思考题

简述选用的便携式激光粉尘检测仪实际工作场所有哪些。

【拓展资料】

目前,实际生产中可选用的便携式激光粉尘检测仪品牌、种类等较多,采用的主要是光散射法测定空气中的粉尘浓度,针对空气中含有非纤维性粉尘的粉尘浓度的快速测定,具有快速、简便、能连续测定等特点。目前使用的场所范围较广,如环境监测站专用粉尘仪;工矿企业劳动部门生产现场粉尘浓度的测定;卫生防疫站公共场所可吸入颗粒物的监测;环境环保监测部门大气飘尘检测、污染源调查;科学研究、滤料性能试验等方面现场测试;现场粉尘浓度测定,排气口粉尘浓度监测;职业健康和安全检测;工厂需要清洁空气的地方,如精密仪器、测试仪器、电子部件、食品等制造工艺的管理;各种研究机构,如气象学、公众卫生学工业劳动卫生工程学、大气污染研究等;建筑或爆破的地方的粉尘检测,工地场所暴露监测;室内空气质量检测等。

5.4　工作场所粉尘浓度快速检测
——多参数激光粉尘仪的使用

一、实训目的

(1)学会使用多参数激光粉尘仪;
(2)掌握作业场所粉尘浓度的检测方法。

二、实验设备

LD-5 激光粉尘仪。

三、实训原理

多参数激光粉尘仪是以激光微光源的光散射式快速测尘仪,可直接读取颗粒物质量浓度,1 min 出结果或根据需要任意设定采样时间;内置滤膜采样装置,在连续监测粉尘浓度的同时,可收集颗粒物,以便对其成分进行分析,并求出质量浓度转换系数 k 值。

$$C_{fn} = k_f I$$

式中　C_{fn}——粉尘浓度,mg/cd;

　　　k_f——质量浓度转换系数;

　　　I——光强度,cd。

仪器可直接读取粉尘质量浓度(mg/m³),具有 PM10、PM5、PM2.5、PM1.0 及 TSP 切割器供选择。采用强力抽气泵,使其更适合需配备较长采样管的中央空调排气口 PM10 可吸入颗粒物浓度的检测和对可吸入尘 PM2.5 进行监测。内置的过滤装置可避免粉尘对仪器部件的影响,延长仪器使用寿命;具有自校系统;具有气幕屏蔽及洁净气自清洗功能,确保光学系统不受污染,实现了软件自动调零;具有与计算机双向通信功能,可通过 PC 机进行数据处理,打印出曲线及表格。

四、实验步骤

按照《工作场所空气中粉尘浓度快速检测方法—光散射法》(WS/T 750—2015)进行。

(1)检查是否安装或是否需要更换采样滤膜,操作步骤如图 5-1 所示。

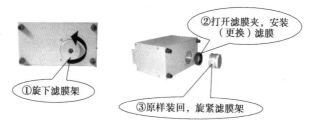

图 5-1

(2)打开仪器电源开关。

(3)检查电池状态:主菜单下按"测量"键进行测量,屏幕将显示电池状态(再按"测量"可退出),若电量显示为"低于30%请充电后使用",请进入"充电模式"充电。

(4)校准(必要时):当认为测量值可疑时,可进行"测量校准"以消除系统误差。为保证记录的信息准确,可定期进行时间校准;当需运用滤膜质量法计算质量浓度时,仪器使用前应进行流量校准。

(5)选择测量模式,并按相应需求设置参数(或确认默认设置),参数设置见表5-4。

表 5-4　参数设置参考

测量需求	选择工作模式
仅须对粉尘现场进行快速测定	一般测量
测量并需同时显示 TWA 及 STEL 值	劳动卫生
长时间连续监测	连续监测
需要与 PC 机进行数据交换和数据处理	通信模式

（6）按照《工作场所空气中粉尘测定 第一部分：总粉尘浓度》（GBZ/T 192.1—2007）的采样原则与要求，确定好工作场所监测点和监测位置开始测量，在所选模式下按"测量"键。

注意：在采样点开启仪器，每个采样点测试 15 min，数据记录间隔时间小于 5 s。

五、实验结果记录

（1）记录数据并计算。

（2）实验结果评价标准参考表 5-5。

表 5-5　作业场所空气中粉尘浓度标准

粉尘中游离 SiO_2/%	最高允许浓度/$(mg \cdot m^{-3})$	
	总粉尘	呼吸性粉尘
<10	10	3.5
10 ~ <50	2	1
50 ~ <80	2	0.5
≥80	2	0.5

参阅作业场所粉尘容许浓度国家标准或根据监测的地点及生产环境选择不同国家标准参考。

第 **6** 章
工作场所有毒物质检测

工作场所的空气质量对工作人员的身体健康具有重要影响。工作场所的空气中含有有毒物质,会严重危害工作人员的健康,也不利于企业的长远发展。新时期,我国对劳动安全越来越重视,要想有效保障工作人员职业安全,就需要做好工作场所空气中有害物质的检测工作。

6.1 水样 pH 值的测定

pH 值是最常用的水质指标之一,天然水的 pH 值多在 6~9;饮用水的 pH 值要求在 6.5~8.5;某些工业用水的 pH 值应保证在 7.0~8.5,否则将对金属设备和管道有腐蚀作用。pH 值和酸度、碱度既有区别又有联系。pH 值表示水的酸碱性的强弱,而酸度或碱度是水中所含酸或碱物质的含量。水质中 pH 值的变化表示了水污染的程度。

一、实验目的

(1)明确水体物理指标对水质评价的意义;
(2)掌握用直接定位法测定水溶液 pH 值的原理和方法;
(3)掌握 pH 计的操作方法。

二、实验原理

使用电位计法测定,以玻璃电极为指示电极,饱和甘汞电极为参比电极,插入溶液中形成原电池。25 ℃时,每相差一个 pH 单位(即氢离子活度相差 10 倍),工作电池产生 59.1 mV 的电位差,以 pH 值直接读出。

三、实验仪器和试剂

1. 仪器和工具

数字 pH 计或 pHS-3F 酸度计(或其他类型酸度计);231 型 pH 玻璃电极和 232 型饱和甘汞电极(或使用 pH 复合电极);温度计;广泛 pH 试纸。

2. 试剂

（1）两种不同 pH 值的未知液 A 和 B。

（2）pH＝4.00 的标准缓冲液。称取在 110 ℃下干燥过 1 h 的苯二甲酸氢钾 5.11 g，用无 CO_2 的水溶解并稀释至 500 mL。贮存于用所配溶液淌洗过的聚乙烯试剂瓶中，贴上标签。

（3）pH＝6.86 标准缓冲液。称取已于（120±10）℃下干燥过 2 h 的磷酸二氢钾 1.70 g 和磷酸氢二钠 1.78 g，用无 CO_2 水溶解并稀释至 500 mL。贮存于用所配溶液淌洗过的聚乙烯试剂瓶中，贴上标签。

（4）pH＝9.18 标准缓冲液。称取 1.91 g 四硼酸钠，用无 CO_2 水溶解并稀释至 500 mL。贮存于用所配溶液淌洗过的聚乙烯试剂瓶中，贴上标签。

四、实验内容与操作步骤

（一）pH 试纸测定

pH 试纸法是一种简单的粗略测定方法。常用的 pH 试纸有两种，一种是广泛 pH 试纸，可以测定的 pH 值范围为 1～14；另一种是精密 pH 试纸，可以比较精确地测定一定范围的 pH 值。

测定步骤：取一条试纸剪成 4～5 块，放在干净、干燥的玻璃板上，用干净的玻璃棒分别沾少许待测水样于 pH 试纸上，片刻后，观察试纸颜色，并与标准色卡对照，确定水样的 pH 值。

（二）pH 计测定

1. 配制标准缓冲溶液

配制 pH 值分别为 4.00、6.86 和 9.18 的标准缓冲溶液各 250 mL。

2. pH 计使用前准备

（1）接通电源，预热 20 min。

（2）调零：置"选择"按键于"mV"位置（注意：此时暂时不要把玻璃电极插入插座内），若仪器显示不为"000"，可调节仪器"调零"电位器，使其显示为正或负"000"，然后锁紧电位器。

3. 电极选择、处理和安装

（1）选择、处理和安装 pH 玻璃电极。根据被测溶液大致 pH 值的范围（可使用 pH 试纸试验确定），选择合适型号的 pH 玻璃电极，在蒸馏水中浸泡 24 h 以上。将处理好的 pH 玻璃电极用蒸馏水冲洗，用滤纸吸干外壁水分后，固定在电极夹上，球泡高度略高于甘汞电极下端。

注意：玻璃电极球泡易碎，操作要仔细。电极引线插头应干燥、清洁，不能有油污。

（2）检查、处理和安装甘汞电极。取下电极下端和上侧小胶帽。检查饱和甘汞电极内液位、晶体、气泡及微孔砂芯渗漏情况并作适当处理后，用蒸馏水清洗电极外部，并用滤纸吸干外壁水分后，将电极置于电极夹上。电极下端略低于玻璃电极球泡下端。

将电极导线接在仪器后右角甘汞电极接线柱上；玻璃电极引线柱插入仪器后右角落玻璃电极输入座。

4. 校正 pH 计（二点校正法）

（1）将选择按键置"pH"位置。取一洁净塑料杯（或 100 mL 烧杯）用 pH＝6.86（25 ℃）的标准缓冲溶液淌洗 3 次，倒入 50 mL 左右该标准缓冲溶液。用温度计测量标准缓冲溶液的温度，调节"温度"调节器，使指示的温度刻度为所测得的温度。

（2）将电极插入标准缓冲溶液中，小心轻摇几下试杯，以促使电极平衡。

注意：电极不要触及杯底，插入深度以溶液浸没玻璃球泡为限。

（3）将"斜率"调节器顺时针旋足，调节"定位"调节器，使仪器显示值为此温度下该标准缓冲溶液的 pH 值。随后将电极从标准缓冲溶液中取出，移去试杯，用蒸馏水清洗两个电极，并用滤纸吸干电极外壁的水。

（4）另取一清净试杯（或 100 mL 小烧杯），用另一种与待测试液 A 的 pH 值相近的标准缓冲溶液淌洗 3 次后，倒入 50 mL 左右该标准缓冲溶液。将电极插入溶液中，小心轻摇几下试杯，使电极平衡。调节"斜率"调节器，使仪器显示值为此温度下该标准缓冲溶液的 pH 值。

注意：校正后的仪器即可用于测量待测溶液的 pH 值，但测量过程中不应再动"定位"调节器，若不小心碰动"定位"或"斜率"调节器应重复 4 中（1）～（3）步骤，重新校正。

5. 测量待测试液 A 的 pH 值

（1）移去标准缓冲溶液，清洗电极，并用滤纸吸干电极外壁的水。取一洁净塑料杯（或 100 mL 烧杯）用待测试液 A 淌洗 3 次后倒入 50 mL 左右试液。用温度计测量试液的温度，并将温度调节器置于此温度位置上。

注意：待测试液温度应与标准缓冲溶液的温度相同或接近。若温度差别大，则应待温度相近时再测量。

（2）将电极插入被测试液中，轻摇试杯以促使电极平衡。待数字显示稳定后读取并记录被测试液的 pH 值。平行测定 2 次，并记录。

6. 测量待测试液 B 的 pH 值

按步骤 4、5 测量另一未知液 B 的 pH 值（若 B 与 A 的 pH 值相差大于 3 个 pH 单位，则必须重新定位、定斜率，若相差小于 3 个 pH 单位，一般可以不需要重新定位）。

7. 实验结束工作

关闭 pH 计电源开关，拔出电源插头。取出玻璃电极，用蒸馏水清洗干净后浸泡在蒸馏水中。取出甘汞电极用蒸馏水清洗，再用滤纸吸干外壁水分，套上小帽存放在盒内。清洗试杯，晾干后妥善保存。用干净抹布擦净工作台，罩上仪器防尘罩，填写仪器使用记录。

五、实验报告

以实验报告的形式如实记录测量结果。

六、注意事项

（1）酸度计的输入端（即测量电极插座）必须保持干燥、清洁。在环境湿度较高的场所使用时，应将电极插座和电极引线柱用干净纱布擦干。读数时电极引入导线和溶液应保持静止，否则会引起仪器读数不稳定。

（2）标准缓冲溶液的配制要准确无误，否则将导致测量结果不准确。

（3）若要测定某固体样品水溶液的 pH 值，除特殊说明外，一般应称取 5 g 样品（称准至 0.01 g）用无 CO_2 的水溶解并稀释至 100 mL，配成试样溶液，然后再进行测量。

（4）由于待测试样的 pH 值常随空气中 CO_2 等因素的变化而改变，因此，采集试样后应立即测定，不宜久置。

（5）注意用电安全，合理处理、排放实验废液。

6.2　工作场所空气中甲醛的测定

甲醛是一种破坏生物细胞蛋白质的原生质毒物,会对人的皮肤、呼吸道与肝脏造成损害,麻醉人的中枢神经,可引起肺水肿、肝昏迷、肾衰竭等。世界卫生组织确认甲醛为致畸、致癌物质,是变态反应源,长期接触将导致基因突变等。目前,甲醛污染问题主要集中于居室、纺织品和食品中,其含量已成为当今居室、纺织品、食品中污染监测的一项重要安全指标:①居室装饰材料和家具中的胶合板、纤维板、刨花板等人造板材中含有大量以甲醛为主的脲醛树脂,各类油漆、涂料中都含有甲醛;②纺织品在生产加工过程中使用含甲醛的N-羟甲基化合物作为树脂整理剂,以增加织物的弹性,改善折皱性,还使用含甲醛的阳离子树脂以提高染色牢度。造成纺织品中甲醛残留问题。甲醛污染问题已渗透到生活中的每一个角落,严重威胁人体健康,应引起人们的高度关注。

当前,甲醛的测定主要方法有气相色谱法、液相色谱法、传感器法、酚试剂分光光度法、乙酰丙酮分光光度法、电化学检测法等。本实验主要介绍酚试剂分光光度法测甲醛。

一、实验目的

(1)掌握甲醛的测定方法;

(2)熟练掌握空气采样器和分光光度计的使用方法。

二、实验原理

参照标准《工作场所空气有毒物质测定 第99部分:甲醛、乙醛和丁醛》(GBZ/T 300.99—2017)中甲醛的测定方法。

空气中的蒸气态甲醛用装有水的大气泡吸收管采集,与酚试剂(3-甲基-2-苯并噻唑啉酮腙盐酸盐水化合物)反应生成吖嗪,在酸性溶液中,吖嗪被铁离子氧化生成蓝色化合物(颜色深浅与甲醛含量成正比),用分光光度计在645 nm波长下测量吸光度,进行定量测量。

三、实验仪器和试剂

1. 实验仪器

大气泡吸收管;空气采样器,流量范围为0~500 mL/min;具塞刻度试管(10 mL);分光光度计,具1 cm比色皿;分析天平;滴定管;容量瓶;量筒;移液管等。

2. 实验试剂

(1)实验用水为蒸馏水,试剂为分析纯。

(2)酚试剂溶液,1 g/L:置棕色瓶中,冰箱内保存。此溶液无色透明,放置后,逐渐产生红色,并加深。可放置约3个月(呈淡红色);较长时间放置则出现细小棕红色沉淀,过滤后仍可使用,但吸光度本底值升高。

(3)吸收液:用水稀释5 mL酚试剂溶液至100 mL。

(4)硫酸铁铵溶液,10 g/L:1 g硫酸铁铵[$NH_4Fe(SO_4)_2 \cdot 12H_2O$,优级纯]溶于0.1 mol/L盐酸溶液中,并稀释至100 mL。置棕色瓶中,在冰箱内可保存约6个月。

（5）标准溶液：2.8 mL 甲醛溶液（含量为 36% ~38%）用水稀释至 1 L（1 mL 此溶液约含 1 mg 甲醛）。溶液标定后，为甲醛标准贮备液，置棕色瓶中常温放置可稳定 3 个月。临用前，在 100 mL 容量瓶中，加入约 50 mL 水、5 mL 酚试剂溶液和一定体积的甲醛标准贮备液，用水稀释成 1.0 μg/mL 甲醛标准溶液，放置 30 mim 后用于配制标准系列管。此溶液可稳定 24 h。或用国家认可的标准溶液配制。

四、实验步骤

班级以小组为单位进行实验操作。

1. 样品采集

选择校园新装修的图书馆或临近某新装修的企业，用一个内装 5 mL 吸收液的大型气泡吸收管，以 0.5 L/min 流量，采气 10 L。并记录采样点的温度和大气压力。采样后样品如保存在室温下，应在 24 h 内分析。

2. 样品处理

用吸收管中的样品溶液洗涤进气管内壁 3 次后，取 1.0 mL 样品溶液，置具塞刻度试管中，加入 4.0 mL 吸收液，摇匀，供测定。

3. 标准曲线的制备

取 5~8 支具塞刻度试管，分别加入 0~1.50 mL 甲醛标准溶液，加吸收液至 5.0 mL，配成 0~1.50 μg 含量范围的甲醛标准系列。加入 0.4 mL 硫酸铁铵溶液，摇匀；放置 15 min（气温较低时适当延长反应时间，如 15 ℃ 时放置 30 min）。用分光光度计在 645 nm 波长下，以水作参比，分别测定标准系列各浓度的吸光度。以测得的吸光度（减去试剂空白）对相应的甲醛含量（μg）绘制标准曲线或计算回归方程，其相关系数应 ≥0.999。

4. 样品测定

用测定标准系列的操作条件测定样品溶液和样品空白溶液，测得的吸光度值（减去试剂空白）由标准曲线或回归方程得样品溶液中甲醛的含量（μg）。若样品溶液中甲醛浓度超过测定范围，用吸收液稀释后测定，计算时乘以稀释倍数。

5. 实验结果处理

（1）按《工作场所空气中有害物质监测的采样规范》（GBZ 159—2004）的方法和要求将采样体积换算成标准采样体积。

（2）按式（6-1）计算空气中甲醛的浓度

$$C = \frac{5M}{V_0} \tag{6-1}$$

式中　C ——空气中甲醛的浓度，mg/m³；

5 ——样品溶液的体积，mL；

M ——测得的 1.0 mL 样品溶液中甲醛的含量（减去样品空白），μg；

V_0——标准采样体积，L。

五、思考题

硫酸铁胺在此次实验中的作用是什么？

六、注意事项

（1）参照标准《工作场所空气有毒物质测定 第99部分：甲醛、乙醛和丁醛》（GBZ/T 300.99—2017）中甲醛测定方法的定量下限为0.04 μg，定量测定范围为0.04~1.5 μg；以采集3 L空气样品计，最低定量浓度为0.07 mg/m³；相对标准偏差为1.4%~7.8%，采样效率为94%~96%。

（2）生成的颜色可稳定4 h。

（3）因酚试剂分光光度法测定工作场所的甲醛不是特异反应，其他脂肪醛也有甲醛类似的反应，但碳链越长，灵敏度越低。当甲醛含量为1.5 μg时，2 500 μg酚、1 000 μg甲醇或乙醇不干扰测定。

【拓展资料】

拓展资料1 样品的采集、运输和保存

参照标准《工作场所空气有毒物质测定 第99部分：甲醛、乙醛和丁醛》（GBZ/T 300.99—2017）中甲醛测定方法中关于采样的要求：

（1）现场采样按照《工作场所空气中有害物质监测的采样规范》（GBZ 159—2004）执行。

（2）短时间采样：在采样点，用装有5 mL吸收液的大气泡吸收管，以200 mL/min流量采集≤15 min空气样品。采样后，立即封闭吸收管的进出气口，置清洁容器内运输和保存。样品在室温下可保存24 h，在4 ℃冰箱内可保存3天。

（3）样品空白：在采样点，打开装有5 mL吸收液的大气泡吸收管的进出气口，并立即封闭，然后同样品一起运输、保存和测定。每批次样品不少于2个样品空白。

拓展资料2 甲醛的标定方法

参照标准《工作场所空气有毒物质测定 第99部分：甲醛、乙醛和丁醛》（GBZ/T 300.99—2017）中甲醛的标定方法。

1.试剂

（1）碘溶液，0.050 mol/L：12.7 g升华碘和30 g碘化钾，溶于水，并稀释至1 L。

（2）氢氧化钠溶液，1 mol/L。

（3）硫酸溶液，0.5 mol/L。

（4）硫代硫酸钠溶液，0.100 0 mol/L。

（5）淀粉溶液，10 g/L。

2.滴定

取20.0 mL甲醛标准贮备液于250 mL碘量瓶中，加入20.0 mL碘溶液和15 mL氢氧化钠溶液，放置15 min。加入20 mL硫酸溶液，再放置15 min；用硫代硫酸钠溶液滴定至溶液呈淡黄色时，加入1 mL淀粉溶液，继续滴定至无色。同时滴定一个试剂空白（水）。

3.计算

由式(6-2)计算溶液中甲醛的浓度：

$$C = \frac{1.5(V_1 - V_2)}{20} \tag{6-2}$$

式中 V_1——滴定空白溶液用去的硫代硫酸钠溶液的体积,mL;

$\quad\quad V_2$——滴定甲醛溶液用去的硫代硫酸钠溶液的体积,mL;

$\quad\quad C$——甲醛浓度,mg/mL;

$\quad\quad$ 1.5——1 mL 碘溶液相当于甲醛的量,mg。

6.3 室内甲醛的快速检测

一、实验目的

(1)了解室内甲醛快速检测的常用方法;

(2)熟悉试纸检测法的原理;

(3)掌握试纸快速检测甲醛的技术。

二、实验原理

室内甲醛的快速检测常采用试纸检测法。试纸检测法的检测原理主要是应用化学反应的形式,通过试纸的颜色变化来帮助检测甲醛的浓度值。在检测的过程中,需要应用特殊的显色剂来与检测空间中的气体甲醛进行化学反应,最终需要将显色试纸上的颜色与标注色卡的颜色进行对比,进而方便快捷地检测出甲醛浓度。

三、实验试剂

空气甲醛检测盒:快速检测试剂(铝箔袋装)、圆白色吸收盒等。

四、实验步骤

(1)选择实验室的柜子作为检测对象,检测前先将待测柜子封闭 1 h,打开圆白色吸收盒,把铝箔袋剪开,将铝箔袋内粉剂全部倒入吸收盒内。

(2)将透明试剂倒入圆吸收盒内,盖上盖盒,轻轻摇动数 10 s 至内容物完全溶解,打开盒盖,将其放置于被检测空间中,静置 30 min(距地面 80～150 cm)。

(3)将棕色瓶试剂倒入圆吸收盒内,盖上盒盖后轻轻摇动,摇匀后盒子盖着静置 10 min。

(4)打开圆盒盖,将内容物的颜色与比色卡对比,读出被测空间内空气中每立方米的甲醛浓度值。

(5)实验结果:按照比色卡对比结果,如实记录甲醛检测数据。

五、注意事项

(1)检测过程中尽量减少空气温度和湿度的变化,保证检测条件的稳定。若温度过低,可在第(3)步显色过程中手握白色吸收盒用体温加热。

(2)检测试剂如不慎溅入眼、口、皮肤等人体部位,应立即用清水冲洗。

(3)本方法常用作半定量检测。

6.4　工作场所空气中有毒物质苯的测定

苯为无色透明、有芳香味、易挥发的有毒液体,是煤焦油蒸馏或石油裂化的产物,常温下即可挥发形成苯蒸气,温度越高,挥发量越大。职业活动中,苯主要以蒸气形态经呼吸道进入人体,短时间吸入高浓度苯蒸气和长期吸入低浓度苯蒸气均可引起作业工人身体损害,其液体可以经过皮肤被人体吸收和摄入,能致癌、致残、致畸胎。皮肤接触苯会导致干燥、皲裂和红肿。

职业性急性苯中毒是劳动者在职业活动中,短期内吸入较高浓度苯后发生的亚急性苯中毒,劳动者出现头昏、头痛、乏力、失眠、月经紊乱等症状,并可发生再生障碍性贫血、急性白血病,表现为迅速发展的贫血、出血、感染等。长期低浓度接触苯可发生慢性中毒,症状逐渐出现,以血液系统和神经系统综合征为主,表现为血白细胞、血小板和红细胞减少,头晕、头痛、记忆力下降、失眠等。严重者可发生再生障碍性贫血,甚至白血病、死亡。

近年来我国职业性苯中毒事故多发生在制鞋、箱包、玩具、电子、印刷、家具等行业,多由含苯的胶黏剂、天那水、硬化水、清洁剂、开油水、油漆等引起。空气中低浓度的苯经呼吸道吸入或直接皮肤接触苯及其混合物均可造成苯中毒。由此可见,工作场所空气有毒物质苯的测定尤为重要。

本实验采用气相色谱法进行苯的测定。

一、实验目的

(1)了解二硫化碳提取气相色谱法的分离和测定原理;
(2)掌握室内空气中苯的测定方法。

二、实验原理

参照标准《工作场所空气有毒物质测定　第66部分:苯、甲苯、二甲苯和乙苯》(GBZ/T 300.66—2017)中苯的无泵型采样-气相色谱测定方法。

空气中的蒸气态苯用无泵型采样器采集,二硫化碳解吸后进样,经气相色谱柱分离,氢焰离子化检测器检测,以保留时间定性分析,峰高或峰面积定量分析。

三、实验仪器试剂

1. 实验仪器
(1)无泵型采样器,内装活性炭片。
(2)溶剂解吸瓶,10 mL。
(3)注射器,1 mL。
(4)微量注射器。
(5)气相色谱仪,具氢焰离子化检测器,仪器操作参考条件:①色谱柱:30 m×0.32 mm× 0.5 mm,FFAP;②柱温:80 ℃;③气化室温度:150 ℃;④检测室温度:250 ℃;⑤载气(氮)流量:1 mL/min;⑥分流比:10∶1。

2. 实验试剂

（1）二硫化碳：色谱鉴定无干扰峰。

（2）苯：20 ℃时，1 mL 液体的质量为 0.878 7 mg。

（3）甲苯：20 ℃时，1 mL 液体的质量为 0.866 9 mg。

（4）邻二甲苯、间二甲苯和对二甲苯：20 ℃时，1 mL 液体的质量分别为 0.880 2 mg、0.864 2 mg 和 0.861 1 mg。

（5）标准溶液：容量瓶中加入二硫化碳，准确称量后，分别加入一定量的苯，再准确称量，用二硫化碳定容。由称量之差计算溶液的浓度，作为苯标准溶液。或用国家认可的标准溶液配制。

四、实验步骤

班级以组为单位，选择校园图书馆或校内工厂或校园寝室、实验室等作为本次实验测量对象，实验结果要求形成实验报告。

1. 样品的采集

现场采样按照《工作场所空气中有害物质监测的采样规范》（GBZ 159—2004）执行。

（1）长时间采样：在采样点，将无泵型采样器佩戴在采样对象的呼吸带，或悬挂在呼吸带高度的支架上，采集 2 ~ 8 h 空气样品。采样后，立即密封无泵型采样器，置清洁容器内运输和保存。样品在室温下可保存 15 d。

（2）样品空白：在采样点，打开无泵型采样器的进出气口，并立即封闭，然后与样品一起运输、保存和测定。每批次样品不少于 2 个样品空白。

2. 样品处理

将活性炭片放入溶剂解吸瓶中，加入 5.0 mL 二硫化碳，封闭后，解吸 30 min，不时振摇。样品溶液供测定。

3. 标准曲线的制备

取 4 ~ 7 支容量瓶，用二硫化碳稀释标准溶液成 0 ~ 878.7 μg/mL 浓度范围的新标准溶液。参照仪器操作条件，将气相色谱仪调节至最佳测定状态，进样 1.0 mL，测定新标准溶液浓度的峰高或峰面积。以测得的峰高或峰面积对相应的苯浓度（mg/mL）绘制标准曲线或计算回归方程，其相关系数应不小于 0.999。

4. 样品测定

用测定标准系列的操作条件测定样品溶液和样品空白溶液，测得的峰高或峰面积值由标准曲线或回归方程得样品溶液中苯的浓度（mg/mL）。若样品溶液中待测物浓度超过测定范围，用二硫化碳稀释后测定，计算时乘以稀释倍数。

5. 实验结果计算

按式（6-3）计算空气中苯的浓度：

$$C = \frac{C_0 V}{kt} \times 1\ 000 \qquad (6\text{-}3)$$

式中　C——空气中苯的浓度，mg/m^3；

C_0——测得的样品溶液中苯的浓度（减去样品空白），mg/mL；

V——样品溶液的体积，mL；

k——无泵型采样器的采样流量，mL/min；

t——采样时间，min。

空气中的时间加权平均接触浓度（CTWA）按《工作场所空气中有害物质监测的采样规范》（GBZ 159—2004）规定计算。

五、注意事项

（1）工作场所的温度、湿度、风速及可能存在的共存物不影响测定；但采样时，无泵型采样器不能直对风扇或风机。采样时要注意防止超过吸附容量。

（2）本法也可采用等效的其他气相色谱柱测定。根据测定需要可以选用恒温测定或程序升温测定。

（3）苯的检出限、定量下限、定量测定范围、最低检出浓度、最低定量浓度（按采样 2 h 计算）、相对标准偏差、吸附容量和解吸效率等方法性能指标等请参照标准《工作场所空气有毒物质测定 第 66 部分：苯、甲苯、二甲苯和乙苯》（GBZ/T 300.66—2017）中苯测定方法。

六、思考题

请思考无泵型采样器的采样要求。

6.5　工作场所空气中常见有毒无机气体的快速检测

工作场所空气中常见的无机气体有二氧化硫、一氧化碳、二氧化碳、一氧化氮、二氧化氮、硫化氢、氨气等，工作场所中其含量过高均会对从业人员的身体健康有害，如氨气主要存在于石油化工、工业生产、尾气监测、环境监测、污水治理、生物制药、垃圾填埋场、垃圾发电厂等场所，氨气中毒时表现为眼痒、眼干、喉痛、发音嘶哑、打喷嚏、咽喉干燥、咽炎、鼻炎、流鼻涕、嗜睡、昏迷意识障碍、惊厥、抽搐等，能灼伤眼睛、皮肤、呼吸器官的黏膜，人吸得过多，会引起肺肿胀，有的人吸入极浓的氨气可发生呼吸、心跳停止甚至死亡。

在生产过程中，排放到作业场所空气中的有毒有害气体不仅直接影响作业者的身体健康，而且污染周边环境。特别是设备陈旧、工艺落后的生产过程，有毒气体危害的问题显得尤为突出。企业生产过程中急性中毒事故时有发生，许多作业场所有毒气体浓度大大超过国家规定标准。为了控制有毒有害气体对作业人员健康的影响，采取有效措施控制有毒气体的危害，进行有毒有害气体快速检测，必须首先对作业场所空气中，以及排放到大气中的有毒有害气体的组成、性质、数量等进行检测、分析，根据气体检测仪分析结果，采取针对性的措施进行治理，有效地控制环境污染。在作业场所使用气体检测仪检测监测气体主要目的是快速检测、分析作业场所空气中有毒有害气体的组分及浓度，对超标的有毒有害物质，能及时采取相应的措施进行治理，从而减少对从业人员的身体伤害等。

便携式气体检测仪（便携式气体检测报警仪），采用自然扩散方式或泵吸式检测原理，敏感元件采用优质气体传感器，具有极高的灵敏度和出色的重复性。气体检测仪可以分为泵吸式检测和自然扩散式检测，有单一气体检测仪、内置泵式气体检测仪、多气体五合一气体检测仪和可燃气体检测仪等。便携式气体检测仪广泛应用于石油、化工、环保、冶金、炼化、燃气输配、医药、农业等行业。

一、实验目的

(1)掌握系列便携式气体检测仪的使用方法;

(2)了解常见工作场所有毒气体的测量方法;

(3)了解常见工作场所有毒有害气体仪器检测的浓度范围。

二、工作原理

探测器主要通过气体传感器元件采集到泄露气体的浓度,以电信号的方式传送到控制电路,经放大运算后以数字方式体现出文字数据便于查看记录。

气体传感器由铂金丝和多孔陶瓷催化珠制成。其原理是利用了铂金丝在不同的温度下电阻有规律变化的特性来测量环境中可燃气体的浓度。当可燃气体进入催化燃烧元件时,在催化剂的作用下,陶瓷催化珠的温度升高,带动铂金丝温度升高从而电阻升高,应用化学原理来测试接触信号的电解液化学变化过程。测量时,测量元件所分到的电压也相应升高。通过用纯净空气和测量点气体标定仪器,就能比较准确地得到可燃气体的浓度,测量单位通常为%LEL。

三、实验仪器

单一气体检测仪、泵吸式气体检测仪、多组合气体检测仪。

四、实验操作

选择校园汽车修理厂、校园食堂等作为测量对象。

1. 单一气体检测

根据测量场所不同选择不同的单一气体检测仪(图6-1),如检测仪。根据检测仪的操作要求完成氨气检测:在关机状态下,按键5 s以上,检测仪开机;然后系统自动执行检测程序,如图6-2—图6-4所示,系统显示正在启动界面,并开启背光灯;开机,以检测蜂鸣器功能;开启震动和报警指示,以检测这些功能是否正常;检测范围高报、低报显示,结束后,直接进入检测状态检测。记录检测时间、地点,以及检测气体名称、浓度等。检测后请及时关机。

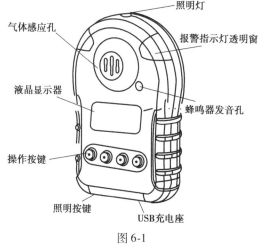

图6-1

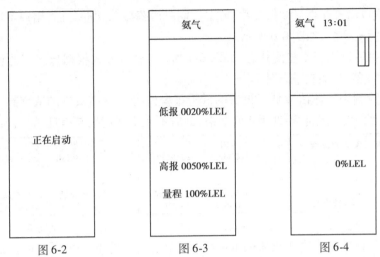

	氨气	氨气　13:01
正在启动	低报 0020%LEL 高报 0050%LEL 量程 100%LEL	0%LEL
图 6-2	图 6-3	图 6-4

注意:①检测仪在检测气体浓度前一定要检查气体高低限值设置是否正确。

②毒性气体不能使用下限% LEL。

2. 泵吸式气体检测

根据泵吸式气体检测仪(图 6-5)的操作要求完成气体检测,并如实记录数据完成实验报告。

泵吸式气体检测仪整体结构图

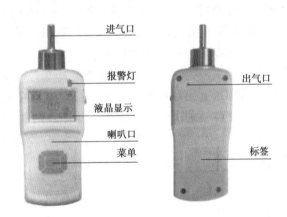

图 6-5

注意:

①仪器应开启震动、吸泵和声音报警指示,以检测功能是否正常。只有在显示高报、低报及检测范围后才能进入正常检测状态。

②仪器关机时蜂鸣器发出断续声音并带有震动后才表示关机。

③不得在含有腐蚀性气体(如较高浓度的氯气等)的环境中存放或使用,也不要在其他苛刻环境,包括过高或过低的温度、较大的湿度、电磁场以及强烈的阳光下使用。

3. 多组合气体检测

多组合气体检测仪选用 KP826-B 型号。仪器在关机状态下,按下"⊙"键约 5 s,伴随"嘀——"的长鸣声,探测器显示屏的背光点亮,此时探测器由关机进入开机状态,并进行自检:此时探测器自动打开声光及振动报警信号,同时屏幕显示欢迎界面,用户可通过以上信息确认探测器性能的完好,如图6-6所示。

探测器开机后进入正常检测状态,如图6-7所示(显示方式根据传感器的位置变化会有所不同,图内"可燃"代表检测气体)。

当探测器检测到气体浓度低于设置的低限报警值时(注:当氧气的浓度高于低限报警值而低于高限报警值时),探测器处于正常状态,此时不发生任何报警信息,如图6-8所示。

★☆★☆★★☆
正在启动
》》》
欢迎使用

图6-6

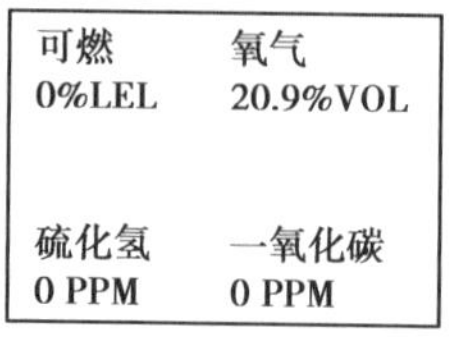

可燃	氧气
0%LEL	20.9%VOL
硫化氢	一氧化碳
0 PPM	0 PPM

图6-7

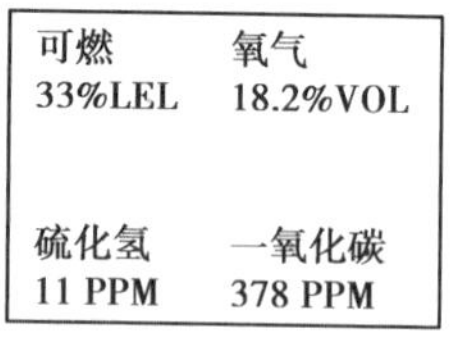

可燃	氧气
33%LEL	18.2%VOL
硫化氢	一氧化碳
11 PPM	378 PPM

图6-8

当检测到气体的浓度高于设置的低限报警值而小于高限报警值时(注:当氧气的浓度低于低限报警值时),探测器处于低报警状态,此时蜂鸣器发出每间隔2 s的"嘀嘀、嘀嘀"的报警声音,红色指示灯同步闪烁,同时屏幕上显示气体浓度处出现数字变化,背光灯和振动探测器也同时打开,表示低限报警;当探测器检测到的气体浓度值恢复到低限报警值以下时,报警信号会自动解除。报警时可以按"▽"键解除声音报警。但此时震动、光和显示的报警信息依然存在。报警时探测器显示如图6-8所示。

当检测到气体的浓度高于设置的高限报警值时,探测器处于高限报警状态,此时蜂鸣器发出每间隔2 s的"嘀嘀嘀嘀、嘀嘀嘀嘀"的报警声音,红色指示灯同步闪烁,同时屏幕上显示气体浓度处出现数字变化,背光灯和振动探测器也同时打开,表示高限报警;报警时可以按"▽"键解除声音报警。但此时震动、光和显示的报警信息依然存在。

当检测到气体的浓度高于测试量程时,蜂鸣器发出"嘀嘀嘀嘀嘀嘀嘀嘀……"的声音,背光点亮,振动探测器开启,同时屏幕上显示被测气体最大范围值,表示超量程。报警时可以按"▽"键解除声音报警。但此时震动、光和显示的报警信息依然存在。如图6-8所示

探测器在正常检测状态下,持续按住"◎"键5 s以上时,伴随蜂鸣器连续发出"嘀——"声后,显示屏关闭,探测器进入关机状态,屏幕不再显示任何信息。

五、实验结果

如实记录实验数据并分析以便形成实验报告。

【拓展资料】

表6-1 传感器选型表

被测气体	测量范围	可选量程	分辨率	报警点
可燃气 EX	0~100% LEL	0~100% VOL(红外)	1% LEL/1% VOL	低:20% 高:50%
氧气 O₂	0~30% VOL	0~30% VOL	0.1% VOL	低:19.5% 高:23.5% VOL
硫化氢 H₂S	0~100×10⁻⁶	0~50/200/1 000×10⁻⁶	0.1×10⁻⁶	低:10 高:20×10⁻⁶

续表

被测气体	测量范围	可选量程	分辨率	报警点
一氧化碳 CO	$0 \sim 1\,000 \times 10^{-6}$	$0 \sim 500/2\,000/5\,000 \times 10^{-6}$	1×10^{-6}	低:50 高:150×10^{-6}
二氧化碳 CO_2	$0 \sim 5\,000 \times 10^{-6}$	$0 \sim 1\%/5\%/10\%$ VOL(红外)	$1 \times 10^{-6}/0.1\%$ VOL	低:1 000 高:2 000
一氧化氮 NO	$0 \sim 250 \times 10^{-6}$	$0 \sim 500/1\,000 \times 10^{-6}$	1×10^{-6}	低:50 高:150×10^{-6}
二氧化氮 NO_2	$0 \sim 20 \times 10^{-6}$	$0 \sim 50/1\,000 \times 10^{-6}$	0.1×10^{-6}	低:5 高:10×10^{-6}
二氧化硫 SO_2	$0 \sim 20 \times 10^{-6}$	$0 \sim 50/1\,000 \times 10^{-6}$	$0.1/1 \times 10^{-6}$	低:5 高:10×10^{-6}
氯气 Cl_2	$0 \sim 20 \times 10^{-6}$	$0 \sim 100/1\,000 \times 10^{-6}$	0.1×10^{-6}	低:5 高:10×10^{-6}
氢气 H_2	$0 \sim 1\,000 \times 10^{-6}$	$0 \sim 5\,000 \times 10^{-6}$	1×10^{-6}	低:50 高:150×10^{-6}
氨气 NH_3	$0 \sim 100 \times 10^{-6}$	$0 \sim 50/500/1\,000 \times 10^{-6}$	$0.1/1 \times 10^{-6}$	低:20 高:50×10^{-6}
磷化氢 PH_3	$0 \sim 20 \times 10^{-6}$	$0 \sim 20/1\,000 \times 10^{-6}$	0.1×10^{-6}	低:5 高:10×10^{-6}
氯化氢 HCl	$0 \sim 20 \times 10^{-6}$	$0 \sim 20/500/1\,000 \times 10^{-6}$	$0.001/0.1 \times 10^{-6}$	低:5 高:10×10^{-6}
二氧化氯 ClO_2	$0 \sim 50 \times 10^{-6}$	$0 \sim 10/100 \times 10^{-6}$	0.1×10^{-6}	低:5 高:10×10^{-6}
氰化氢 HCN	$0 \sim 50 \times 10^{-6}$	$0 \sim 100 \times 10^{-6}$	$0.1/0.01 \times 10^{-6}$	低:10 高:20×10^{-6}
环氧乙炔 C_2H_4O	$0 \sim 100 \times 10^{-6}$	$0 \sim 100 \times 10^{-6}$	$1/0.1 \times 10^{-6}$	低:20 高:50×10^{-6}
臭氧 O_3	$0 \sim 10 \times 10^{-6}$	$0 \sim 20/100 \times 10^{-6}$	0.1×10^{-6}	低:2 高:5×10^{-6}
甲醛 CH_2O	$0 \sim 20 \times 10^{-6}$	$0 \sim 50/100 \times 10^{-6}$	$1/0.1 \times 10^{-6}$	低:5 高:10×10^{-6}
氟化氢 HF	$0 \sim 100 \times 10^{-6}$	$0 \sim 1/10/50/100 \times 10^{-6}$	$0.01/0.1 \times 10^{-6}$	低:2 高:5×10^{-6}
二甲苯/甲苯	$0 \sim 20 \times 10^{-6}$	$0 \sim 1/10/50/100 \times 10^{-6}$	$0.01/0.1 \times 10^{-6}$	低:5 高:10×10^{-6}

6.6　常见室内有毒气体的快速检测

一、实验目的

(1)了解室内甲醛、苯、氨、甲苯、二甲苯等快速检测的方法;

(2)熟悉室内空气质量检测仪检测甲醛的原理;

(3)掌握常见室内有毒气体的快速检测仪检测技术。

二、实验原理

常用的室内有毒气体快速检测仪为多合一室内空气质量检测仪,又称分光光度打印室内空气检测仪,能同时检测多种室内污染气体(甲醛、苯、氨、甲苯、二甲苯等)及温度和湿度。每项气体检测时间可由微机时间控制系统调整,微机设置设定,不同气路独立控制,达到设定的时间后,可自动停止工作,具有声光报警功能,现场对气体读数。分光打印针对气体检测试剂光频分光比色,对样品分光得出精密结果,现场显示温度、湿度及分光检测数据,并可现场打印检测结果。

例如,仪器分为定时操作区、甲醛流量调节区、甲醛测定区3个部分,通过定时操作可以设定各个检测项目所需要的检测时间,检测甲醛时可以通过向左或向右调节流量计下方的圆形旋钮来调整检测甲醛时每分钟的空气通过量,甲醛测定区用来进行甲醛测定、打印等工作。

三、实验仪器

多合一室内空气质量检测仪。

四、实验步骤

选择教学实训室作为检测对象,班级以组为单位进行室内有毒气体检测。

1. 甲醛的检测

(1)采样器与主机的连接:先把三脚架支撑开,将采样器固定在三脚架上,采样器高度为呼吸带高度(0.8~1.5 m),采样器短管连接采样瓶侧面,采样器长管连接主机。

(2)转移吸收液:将甲醛试管加入蒸馏水或纯净水(八分满),晃动摇匀,将混合后的吸收液倒入采样瓶。

(3)连接到仪器:将采样瓶放到采样器支架上,与仪器的橡胶管连接(甲醛接口)。注意:不能接反,否则会产生倒吸,损坏仪器。

(4)接好仪器电源,按照"定时操作"的要求进行定时,设定采样时间,建议采样时间设为20 min(采样器上的流量设定值建议调到500,在采样体积不变的情况下可自行调节时间和流量,流量计读数以转子的中心为准,如果转子上下波动,以波动中心位置读数为准)。

(5)按"设置/启动"键,仪器开始工作,工作指示灯亮。仪器自动计时,时满自动停止,工作指示灯灭。

(6)采样自动停止后,把采样瓶中的洗手液倒入之前的甲醛试管中,滴入8滴显色剂(试管不可重复使用),手握5 min或者静置15 min,使试剂蓝色变化到稳定状态。

(7)将显色后的显色试管放入机器的比色槽中,此时进行甲醛测定、打印等相应的操作。

2. 苯的检测

(1)取出苯检测管,打开玻璃检测管两端封口。

(2)将检测管固定到仪器后部相应的接口上。

(3)将检测管刻度数值大的一端与采样器的胶管连接(苯接口),检测管上的箭头为气流方向。连接要密封,不能漏气。

(4)按"定时操作"的要求进行定时,设定采样时间。

(5)按"启动/停止"键,仪器开始工作,红色工作指示灯亮。

(6)仪器开始计时,到设定时间后自动停止工作。

(7)取下检测管,读出变色部分的刻度值(如果没有变色表示空气中的苯浓度很低,小于检测管的检测下限)。

3. 其他有毒气体检测

氨、甲苯、二甲苯等气体的检测操作同苯检测操作。

4. 实验结果

将实验检测过程和实验结果形成实验报告。

五、注意事项

（1）检测结束后，必须关闭所有仪器设备的电源，以免发生意外。

（2）注意吸收瓶和仪器的连接，防止倒吸，损毁仪器。

（3）启动仪器之前应注意胶管位置，避免触地，防止异物吸入。

（4）不要在没有流量或流量很小的情况下长时间让气泵处于工作状态，以免影响机器寿命。

（5）仪器工作时要保持水平，防止仪器剧烈振动。

（6）切开检测管时注意不要伤手，玻璃碴要妥善处理。

（7）使用三脚架时注意平衡。

（8）试剂的使用：

①粉末量相对较多的为显色剂，另一种粉末量较少的为吸收剂。

②将纯净水或蒸馏水倒入吸收剂（水量为离瓶口 2 cm 处左右即可），摇匀后倒入吸收瓶开始检测，采样完毕后，将吸收瓶内采样完毕的酚试剂和水再倒入显色剂，3~4 min 后变色出结果。

（9）本实验采用的多合一室内空气检测仪的采样时间与检测范围见表6-2。

表6-2　采样时间及国家标准《室内空气质量标准》（GB/T 18883—2022）规定的浓度

检测项	测量范围/(mg·m⁻³)	检测时间/min	相应国家标准规定的浓度/(mg·m⁻³)
甲醛	0.01~1.6	20	0.10
苯	0.05~4	10	0.11
氨	0.05~3	20	0.20
甲苯	0.05~4	10	0.20
二甲苯	0.05~4	10	0.20
TVOC	0.05~4	20	0.60

第 **7** 章

工作场所噪声检测

噪声的含义有两种:一种是在物理上指规则的、间歇的或随机的声振动;另一种是指任何难听的、不和谐的声音或干扰。

噪声对人体的危害是个很古老而至今仍未解决的问题。从生理学上来判断,噪声是人们不需要的、不希望存在的声音。它干扰人们的工作、学习和生活,甚至危害健康,其中以听觉的损伤为主,长期在超标噪声环境下作业或短时间接触高强度噪声,若无适当的保护措施,必将引起暂时性的或永久性的听力损失甚至耳聋。国内外都把职业性耳聋列为重要的职业疾病。噪声除对听觉的损伤外,还可对神经系统、心血管系统、消化系统、内分泌与免疫系统、生殖系统等产生不良影响。即使未造成健康问题,也可能影响工作效率,影响劳动安全。因此,对工作场所噪声进行检测以便控制噪声非常有必要。

7.1 常见工作场所噪声检测

一、实验目的

(1)掌握个人噪声计量计的工作原理和基本测试方法;

(2)熟悉噪声测定的原理;

(3)熟悉噪声测定的方法;

(4)掌握噪声计量的方法及对工作环境中噪声评价的方法;

(5)熟悉工作场所噪声职业接触限值。

二、实验依据

《工作场所物理因素测量 第 8 部分:噪声》(GBZ/T 1898.8—2007)。

三、实验仪器

(1)声级计:2 型或以上,具有 A 计权,"S"挡。

(2)积分声级计或个人噪声剂量计:2 型或以上,具有 A 计权、C 计权,"S"挡和"peak"挡。

四、实验步骤

1. 现场调查

为正确选择测量点、测量方法和测量时间等,必须在测量前对工作场所进行现场调查。调查内容主要包括:

①工作场所的面积、空间、工艺区划、噪声设备布局等,绘制简略图。

②工作流程的划分、各生产程序的噪声特征、噪声变化规律等。

③预测量,判定噪声是否稳态、分布是否均匀。

④工作人员的数量、工作路线、工作方式、停留时间等。

2. 测量仪器的准备

(1)测量仪器选择:固定的工作岗位选用声级计,流动的工作岗位优先选用个体噪声剂量计,或对不同的工作地点使用声级计分别测量,并计算等效声级。

(2)测量前应根据仪器校正要求对测量仪器进行校正。

(3)积分声级计或个人噪声剂量计设置为 A 计权、"S(慢)"挡,取值为声级 L_{pA} 或等效声级 L_{Aeq};测量脉冲噪声时使用"Peak(峰值)"挡。

3. 测点选择

以小组为单位进行分工合作,选取常见工作场所如校园工厂或者附近的某化工企业、机械厂、建筑工地等。

(1)工作场所(校园工厂或者附近的某化工企业、机械厂、建筑工地等)声场分布均匀[测量范围内 A 声级差别小于 3 dB(A)],选择 3 个测点,取平均值。

(2)工作场所声场分布不均匀时,应将其划分若干声级区,同一声级区内声级差<3 dB(A)。每个区域内,选择 2 个测点,取平均值。

(3)如劳动者工作是流动的,在流动范围内,对工作地点分别进行测量,计算等效声级。

(4)使用个人噪声剂量计的抽样方法参见 7.1 节拓展资料。

4. 测量

(1)传声器应放置在劳动者工作时耳部的高度,站姿人员:1.50 m;坐姿人员:1.10 m。

(2)传声器的指向是声源的方向。

(3)测量仪器固定在三脚架上,置于测点;若现场不适于放三脚架,可手持声级计,但应保持测试者与传声器的间距>0.5 m。

(4)稳态噪声的工作场所,每个测点测量 3 次,取平均值。

(5)非稳态噪声的工作场所,根据声级变化(声级波动不小于 3 dB)确定时间段,测量各期间的等效声级,并记录各时间段的持续时间。

(6)脉冲噪声测量时,应测量脉冲噪声的峰值和工作日内脉冲次数。

(7)测量应在正常生产情况下进行。工作场所风速超过 3 m/s 时,传声器应戴风罩。应尽量避免电磁场的干扰。

5. 计算

(1)非稳态噪声的工作场所,按声级相近的原则把一天的工作时间分为 n 个时间段,用积分声级计测量每个时间段的等效声级 $L_{Aep,Ti}$,按照公式(7-1)计算全天的等效声级:

$$L_{Aep,T} = 10 \lg\left(\frac{1}{t} \sum_{i=1}^{n} T_i 10^{0.1L_{Aep,Ti}}\right) \quad (7\text{-}1)$$

式中　$L_{Aep,T}$——全天的等效声级（A 计权）,dB;

　　　$L_{Aep,Ti}$——时间段 T_i 内等效连续 A 计权声级（A 计权）,dB;

　　　t——这些时间段的总时间,h;

　　　T_i—— i 时间段的时间,h;

　　　n——总的时间段的个数。

（2）一天 8 h 等效声级（$L_{EX,8h}$）的计算

根据等能量原理将一天实际工作时间内接触噪声强度规格化到工作 8 h 的等效声级,按公式(7-2)计算:

$$L_{EX,8h} = L_{Aeq,Te} + 10 \lg \frac{T_e}{T_0} \quad (7\text{-}2)$$

式中　$L_{EX,8h}$——一天实际工作时间内接触噪声强度规格化到工作 8 h 的等效声级（A 计权）,dB;

　　　T_e——实际工作日的工作时间,h;

　　　$L_{Aeq,Te}$——实际工作日的等效声级（A 计权）,dB;

　　　T_0——标准工作日时间,8 h。

五、实验记录

将实验数据整理成实验报告的形式,具体测量记录应包括以下内容:测量日期、测量时间、气象条件（温度、相对湿度）、测量地点（单位、具体测量位置）、测量仪器设备型号和参数、测量数据、测量人员及工时记录等。

六、思考题

简述非稳态噪声测量中的注意事项。

七、注意事项

（1）在进行现场测量时,测量人员需要注意个体防护。

（2）测量时间一定要选择在无雨无雪的时间,声级计应保持传声器膜片清洁,风力在三级以上时必须加风罩,五级大风以上应停止测量。

（3）实际工作中,对于每天接触噪声不足 8 h 的工作场所,可根据实际接触噪声的时间和测量（或计算）的等效声级,按照接触时间减半、噪声接触限值增加 3 dB（A 计权）的原则,工作场所噪声等效声级参考接触限值见表 7-1。

表 7-1　工作场所噪声等效声级接触限值

日接触时间/h	接触限值（A 计权）/ dB
8	85
4	88

续表

日接触时间/h	接触限值（A 计权）/ dB
2	91
1	94
0.5	97

【拓展资料】

使用个人噪声剂量计的抽样方法

1. 抽样原则

在现场调查的基础上,根据检测的目的和要求,选择抽样对象。

2. 抽样对象的选定

在工作过程中,凡接触噪声危害的劳动者都列为抽样对象范围。抽样对象中应包括不同工作岗位的、接触噪声危害最高和接触时间最长的劳动者,其余的抽样对象随机选择。

3. 抽样对象数量的确定

每种工作岗位劳动者数量不足 3 名时,全部选为抽样对象,劳动者大于 3 名时,按表 7-2 选择,测量结果取平均值。

表 7-2　抽样对象及数量

劳动者数	采样对象数
3 ~ 5	2
6 ~ 10	3
>10	4

7.2　学校区域噪声检测

一、实验目的

（1）掌握学校区域环境噪声的检测方法,并对校园生活区、教学区等不同功能区噪声污染进行评价;

（2）熟悉声级计的使用;

（3）掌握环境噪声测量的基本技能和方法。

二、实验仪器

噪声声级计一套,计算机一台。

三、实验依据

本实验依据《声环境质量标准》(GB 3096—2008)进行。

四、实验方案设计

1. 测量布点

按照学院总平面布置图以网格状分布为 10 个点,网格的划分按照功能区分化法进行,布点在空间方位的基础上考虑了功能区的分化。测量点一般选在网格的中心位置,如果中心位置不宜测量,则选择离中心位置最近的适宜测量的位置。

测点:选取校园内 5 个不同的典型位置处,每个测点每 2 min 读数一次,共计读数 16 组。(临街→操场→图书馆区→宿舍区→教学区)

2. 测量条件

天气条件要求在无雨无雪的时间,声级计应保持传声器膜片清洁,风力在三级以上必须加风罩(以避免风噪声的干扰),五级以上大风则应停止测量。测量过程中,一人手持仪器测量,另一人记录瞬时声级,传声器要求距离地面 1.2 m,测量时噪声仪距任意建筑物不得小于 1 m,传声器对准声源方向。

3. 测量方法

测量时,声级计离地面高度为 1.2 m,并且远离任何其他反射物,数据记录方法采取直读法记录,即每隔 2 min 随机读取一个瞬时 A 声级 L_{pai} 值,连续读取数据,测量应在无雨雪、无雷电天气,风速 5 m/s 以下时进行。将每个测点测得的瞬时 A 声级 L_{pai} 数据进行统计,并且按照《声环境质量标准》(GB 3096—2008)中的公式计算出 L_{eq}。

4. 噪声水平的评估

对所测数据进行排序,并按照本节拓展资料 2 进行区域噪声作业级别评定。

五、实验报告及数据处理要求

(1)要求简要说明实验原理和意义。
(2)根据实验方案设计绘制实验流程图。
(3)详细记录不同区域噪声测量数据。
(4)对不同区域进行噪声级别评定。
(5)提出噪声控制措施,要求具有可操作性、针对性和实用性。

六、注意事项

(1)要注意环境对检测结果的影响,测点布置时注意声级计的高度、与建筑物的距离等问题。

(2)注意进行噪声级别评定时选用的是等效连续 A 声级,所以在计算过程中要参考标准进行检测数据的整理。

七、实验讨论

根据对学校区域相关情况的调查,学院声环境都属于几类声环境功能区?是否符合学校噪声限值标准要求? 能否满足学生的正常休息要求?

【拓展资料】

拓展资料1　环境噪声限值

按区域的使用功能特点和环境质量要求,声环境功能区分为以下5种类型:

0类声环境功能区:指康复疗养区等特别需要安静的区域。

1类声环境功能区:指以居民住宅、医疗卫生、文化教育、科研设计、行政办公为主要功能,需要保持安静的区域。

2类声环境功能区:指以商业金融、集市贸易为主要功能,或者居住、商业、工业混杂,需要维护住宅安静的区域。

3类声环境功能区:指以工业生产、仓储物流为主要功能,需要防止工业噪声对周围环境产生严重影响的区域。

4类声环境功能区:指交通干线两侧一定距离之内,需要防止交通噪声对周围环境产生严重影响的区域,包括4a类和4b类两种类型。4a类为高速公路、一级公路、二级公路、城市快速路、城市主干路、城市次干路、城市轨道交通(地面段)、内河航道两侧区域;4b类为铁路干线两侧区域。

不同类型声环境功能区的环境噪声限值见表7-3。

表7-3　环境噪声限值

单位:dB(A)

声环境功能类别		昼间	夜间
0类		50	40
1类		55	45
2类		60	50
3类		65	55
4类	4a类	70	55
	4b类	70	60

拓展资料2　噪声作业级别评定

一、分级方法

指数法(表7-4):根据噪声作业实测的工作日等效连续A声级和接噪时间对应的卫生标准,计算噪声危害指数,进行综合评价。

表7-4　噪声危害指数分级表

噪声危害指数	指数范围	级别
安全作业	$L<0$	0级

续表

噪声危害指数	指数范围	级别
轻度危害	$0<L<1$	Ⅰ级
中度危害	$1<L<2$	Ⅱ级
高度危害	$2<L<3$	Ⅲ级
极度危害	$L>3$	Ⅳ级

计算公式:

$$L = (L_w - L_s)/6$$

式中　L——噪声危害指数;

　　　L_w——噪声作业实测工作日等效连续 A 声级,dB;

　　　L_s——接噪时间对应的卫生标准,dB(见工作场所噪声允许标准);

　　　6——分数常数。

二、工作场所噪声允许标准

工作场所噪声允许标准见表 7-5。

表 7-5　工作场所噪声允许标准

序号	地点类别		噪声限制值/dB
1	生产车间及作业场所(每天连续接触噪声 8 h)		85
2	高噪声车间设置的值班室、观察室、休息室(室内背景噪声级)	无电话通信要求时	75
		有电话通信要求时	70
3	精密装配线、精密加工车间的工作地点、计算机房(正常工作状态)		70
4	车间所属办公室、实验室、设计室(室内背景噪声级)		70
5	主控制室、集中控制室、通信室、电话总机室、消防值班室(室内背景噪声级)		60
6	厂部所属办公室、会议室、设计室、中心实验室(包括试验、化验、计量室)(室内背景噪声级)		60
7	医务室、教室、哺乳室、托儿所、工人值班宿舍(室内背景噪声级)		55

第 **8** 章
高温检测

气温等于或高于 35 ℃ 称为高温天气,如果连续 5 天气温高于 35 ℃ 称为持续高温天气。

高温作业是指工作地点有生产性热源,其气温等于或高于本地区夏季通风室外设计计算温度 2 ℃ 的作业,或气温高于 35 ℃ 的室外露天作业。高温环境容易影响人体的生理及心理状态,在这种环境下工作,除了会影响工作效率外,更会引发各种意外和危机。近年来,工人因中暑晕倒或受伤,甚至致死的事件时有报道,因此,对工作场所进行高温检测非常有必要。

工作场所高温作业指在生产劳动过程中,工作地点平均 WBGT 指数大于等于 25 ℃ 的作业。其中 WBGT 指数叫作湿球黑球温度指数,是综合评价人体接触作业环境热负荷的一个基本参量,单位为℃。

一、实验目的

(1)了解高温对工作人员的健康和安全的影响;

(2)熟悉工作场所物理因素测量——高温检测的方法;

(3)掌握工作场所物理因素测量——高温检测仪器的操作;

(4)掌握工作场所物理因素测量——高温检测结果的计算。

二、实验依据

参照《工作场所物理因素测量 第 7 部分:高温》(GBZ/T 189.7—2007)。

三、实验仪器

(1)湿球黑球温度(WBGT)指数测定仪,WBGT 指数测量范围为 21 ~ 49 ℃,可用于直接测量。

(2)干球温度计(测量范围为 10 ~ 60 ℃)、自然湿球温度计(测量范围为 5 ~ 40 ℃)、黑球温度计(直径为 150 mm 或 50 mm 的黑球,测量范围为 20 ~ 120 ℃)。分别测量三种温度,通过下列公式计算得到 WBGT 指数。

室外:WBGT=湿球温度(℃)×0.7+黑球温度(℃)×0.2+干球温度(℃)×0.1

室内:BGT=湿球温度(℃)×0.7+黑球温度(℃)×0.3

(3)辅助设备:三脚架、线缆、蒸馏水。

四、实验步骤

班级以组为单位,各组自行选择测量对象如校园工厂、学院食堂、邻近工厂等。

1. 现场调查

(1)了解每年或工期内最热月份工作环境的温度变化幅度和规律。

(2)了解工作场所的面积、空间、作业和休息区域划分以及隔热设施、热源分布、作业方式等一般情况,绘制简图。

(3)了解工作流程包括生产工艺、加热温度和时间和生产方式等。

(4)了解工作人员的数量,工作路线,在工作地点的停留时间、频度及持续时间等。

2. 测量

(1)测量前应按照仪器使用说明书进行校正。

(2)确定湿球温度计的储水槽注入蒸馏水,确保棉芯干净并且充分浸湿,注意不能添加自来水。

(3)在开机的过程中,如果显示电池电压低,则应更换电池或者给电池充电。

(4)测定前或者加水后,需要 10 min 的稳定时间。

3. 测点选择

1)测点数量

(1)工作场所无生产性热源,选择 3 个测点,取平均值;存在生产性热源的工作场所,选择 3~5 个测点,取平均值。

(2)工作场所被隔离为不同热环境或通风环境,每个区域内设置 2 个测点,取平均值。

2)测点位置

(1)测点应包括温度最高和通风最差的工作地点。

(2)如劳动者的工作是流动的,在流动范围内,选择相对固定的工作地点分别进行测量,计算时间加权 $WBGT$ 指数。

(3)测量高度:立姿作业为 1.5 m;坐姿作业为 1.1 m。作业人员实际受热不均匀时,应分别测量头部、腹部和踝部,立姿作业为 1.7 m、1.1 m、0.1 m;坐姿作业为 1.1 m、0.6 m 和 0.1 m。$WBGT$ 指数的平均值按下列公式计算:

$$WBGT = \frac{WBGT_{头} + 2 \times WBGT_{腹} + WBGT_{踝}}{4}$$

式中　$WBGT$——$WBGT$ 指数平均值;

　　　$WBGT_{头}$——测得头部的 $WBGT$ 指数;

　　　$WBGT_{腹}$——测得腹部的 $WBGT$ 指数;

　　　$WBGT_{踝}$——测得踝部的 $WBGT$ 指数。

4. 测量数据处理

1)时间加权平均 $WBGT$ 指数的计算

在热强度变化较大的工作场所,应计算时间加权平均 $WBGT$ 指数,公式为:

$$\overline{WBGT} = \frac{WBGT_1 \times t_1 + WBGT_2 \times t_2 + \cdots + WBGT_n \times t_n}{t_1 + t_2 + \cdots + t_n}$$

式中　$\overline{WBGT}$——时间加权平均 $WBGT$ 指数;

$t_1, t_2, \cdots, t_n$——劳动者在第 $1, 2, \cdots, n$ 个工作地点实际停留的时间；

$WBGT_1$、$WBGT_2$、$WBGT_n$——时间 t_1、t_2、$\cdots$、t_n 时的测量值。

2）测量记录

测量记录应该包括以下内容：测量日期、测量时间、气象条件（温度、相对湿度）、测量地点（单位、厂矿名称、车间和具体测量位置）、测量仪器型号和参数、测量数据、测量人员等。

五、注意事项

通常在进行现场测量时，测量人员应注意个体防护。对测量时间、测量条件等的具体要求如下所述。

1. 测量时间

（1）常年从事高温作业，在夏季最热月测量；不定期接触高温作业，在工期内最热月测量；从事室外作业，在最热月晴天有太阳辐射时测量。

（2）作业环境热源稳定时，每天测 3 次，工作班开始后及结束前 0.5 h 分别测 1 次，工中测 1 次，取平均值。如在规定时间内停产，测量时间可提前或推后。

（3）作业环境热源不稳定，生产工艺周期变化较大时，分别测量并计算时间加权平均 $WBGT$ 指数。

（4）测量持续时间取决于测量仪器的反应时间。

2. 测量条件

（1）测量应在正常生产情况下进行。

（2）测量期间避免受到人为气流影响。

（3）$WBGT$ 指数测定仪应固定在三脚架上，使黑球朝向热源并遮挡住黑球和干球，同时避免物体阻挡辐射热或者人为气流，测量时测量者尽量远离设备。

（4）环境温度超过 60 ℃时，可使用遥测方式，将主机与温度传感器分离。

3. 实验结果处理

当 $WBGT$ 指数测量结果小于 21 ℃或大于 49 ℃时，应分别记录湿球、黑球、干球的温度。

（1）室外有阳光：

$$WBGT = 0.7 \times 湿球温度 + 0.2 \times 黑球温度 + 0.1 \times 干球温度$$

（2）室内或室外无阳光：

$$WBGT = 0.7 \times 湿球温度 + 0.3 \times 黑球温度$$

计算作业场所 $WBGT$ 指数。

【拓展资料】

1. 高温作业（heat stress work）

在生产劳动过程中，工作地点平均 $WBGT$ 指数 ≥ 25 ℃的作业。

2. $WBGT$ 指数（wet bulb globe temperature index）

$WBGT$ 指数又称湿球黑球温度，是综合评价人体接触作业环境热负荷的一个基本参量，单位为℃。

3. 接触时间率（exposure time rate）

劳动者在一个工作日内实际接触高温作业的累计时间与 8 h 的比率。

4.本地区室外通风设计温度(local outside ventilation design temperature)

近十年本地区气象台正式记录每年最热月的每日 13 时~14 时的气温平均值。

5.高温检测记录可参考表 8-1。

表 8-1　工作场所高温检测记录表

编号	检测地点	检测对象	设备型号和参数	部位	体力劳动强度	测量数据				接触时间/h	备注
						湿球温度/℃	黑球温度/℃	干球温度/℃	$WBGT$/℃		

被测单位：　　　　　　　　测量时间：　　　　　　　　测量仪器：

检测人：　　　　　　　　　校核人：　　　　　年　月　日

第 **9** 章

工作场所手传振动测量

振动测量仪器是一种测量物体机械振动的测量仪器。测量的基本量是振动的加速度、速度和位移等，可以测量机械振动和冲击振动的有效值、峰值等，频率范围从零点几赫兹～几千赫兹。外部连接或内部设置带通滤波器，可以进行噪声的频谱分析。随着电子技术尤其是大规模集成电路和计算机技术的发展，振动测量仪器的许多功能都通过数字信号处理技术代替模拟电路来实现。这不仅使得电路更加简化，动态范围更宽，而且功能和稳定性也大大提高，尤其是可以实现实时频谱分析，使振动测量仪器的用途更加广泛。

振动测量仪器按功能来分可分为工作测振仪、振动烈度计、振动分析仪、激振器（或振动台）、振动激励控制器、振动校准器，测量机械振动，具有频谱分析功能的称为频谱分析仪，具有实时频谱分析功能的称为实时频谱分析仪或实时信号分析仪，具有多路测量功能的称为多通道声学分析仪。振动测量仪器按采用技术来分可分为模拟振动计、数字化振动计和多通道实时信号分析仪。振动测量仪器按测量对象来分可分为测量机械振动的通用振动计，测量振动对人体影响的人体（响应）振动计、测量环境振动的环境振动仪和振动激励控制器。

手臂振动病是长期从事手传振动作业而引起的以手部末梢循环和/或手臂神经功能障碍为主的疾病，并能引起手臂骨关节和肌肉的损伤。其典型表现为振动性白指。手臂振动病分轻度、中度、重度，轻度手臂振动病具有下列表现：白指发作累及手指的指尖部位，未超出远端指节的范围，遇冷时偶尔发作；手部痛觉、振动觉明显减退或手指关节肿胀、变形，经神经-肌电图检查出现神经传导速度减慢或远端潜伏时延长。中度手臂振动病具有下列表现：白指发作累及手指的远端指节和中间指节（偶见近端指节），常在冬季发作；手部肌肉轻度萎缩，神经-肌电图检查出现神经源性损害。重度手臂振动病具有下列表现：白指发作累及多数手指的所有指节，甚至累及全手，经常发作，严重者可出现指端坏疽；手部肌肉明显萎缩或出现"鹰爪样"手部畸形，严重影响手部功能。

能引起手臂振动病的工种，主要是使用振动性工具、从事手传振动的作业等的工种，根据调查主要有凿岩工、铆钉工、风铲工、捣固工、固定砂轮和手持砂轮磨工、油锯工、电锯工、锻工、铣工、抻拔工等。因此，本实验结合《工作场所物理因素测量 第9部分：手传振动》（GBZ/T 189.9—2007）内容测量 ZIC-KW-26 手枪钻工作 1 min 的手传振动值，以了解工作场所中的振动大小。

一、实验目的

（1）了解手传振动的常见测量要求；

（2）熟悉手传振动的测量方法。

二、实验依据

本实验依据《工作场所物理因素测量 第 9 部分：手传振动》（GBZ/T 189.9—2007）。

振动计的工作原理：加速度传感器信号首先经滤波放大得到加速度信号，然后经一级积分得到速度信号，此信号再经一级积分便得到位移信号，这三种信号经测量选择开关选择出一种信号，进行交直流转换和模数（A/D）转换，最后将信号传送至三位半液晶屏显示。

三、实验仪器及要求

振动测量仪器：采用设有计权网络的手传振动专用测量仪，直接读取计权加速度或计权加速度级，本实验选用 AWA5936-3 振动计。

测量仪器覆盖的频率范围至少为 5～150 Hz，其频率响应特性允许误差在 10～800 Hz 范围内为±1 dB，4～10 Hz 及 800～2 000 Hz 范围内为 2 dB。振动传感器选用压电式或电荷式加速度计，其横向灵敏度应小于 10%。

指示器应能读取振动加速度或加速度级的均方根值。对振动信号进行 1/1 或 1/3 倍频程频谱分析时，其滤波特性应符合《倍频程和分数倍频程滤波器》（GB/T 3241—2010）的相关规定。

测量仪器校准：测量前应按照仪器使用说明进行校准。

四、实验步骤

班级以组为单位选择手枪钻 ZIC-KW-26（620 W、500 r/min）作为测量对象，测量 ZIC-KW-26 手枪钻工作 1 min 的手传振动值。

1. 监测分析方法

首先将夹紧块固定到手枪钻把手，通过紧固螺丝将传感器固定到夹紧块，并连接到 AWA5936 仪器上，设置对象参数进行测量，如图 9-1 所示。

实际测量连接图如图 9-2 所示。

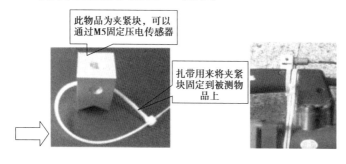

图 9-1

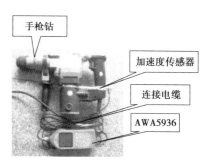

图 9-2

2. 点位布设

按《工作场所物理因素测量 第9部分:手传振动》(GBZ/T 189.9—2007)规定,分别测量3个轴向振动(传感器分别固定在夹紧块的上孔和侧面相邻两孔)的频率计权加速度,取3个轴向中的最大值作为被测工具的手传振动(图9-3)。

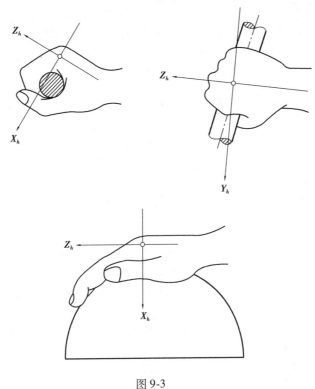

图9-3

3. 测试方法

(1)使用手传振动专用测量仪时可直接读取计权加速度值(m/s²);若测量仪器以计权加速度级(dB)表示振动幅值,则可通过下列公式(9-1)换算成计权加速度。

$$L_h = 20 \lg\left(\frac{a}{a_0}\right) \text{ 或 } a = 10^{(L_h/20)} \cdot a_0 \tag{9-1}$$

式中　L_h——加速度级,dB;

　　　a——振动加速度有效值,m/s²;

　　　a_0——振动加速度基准值,$a_0 = 10^{-6}$ m/s²。

(2)如果只获得1/1或1/3倍频程各中心频带加速度均方根值时,可采用式(9-2)换算成频率计权加速度。当各中心频带为加速度级均方根值时,先用式(9-3)换算为频率计权加速度级,然后再利用公式(9-2)换算成频率计权加速度。

$$a_{hw} = \sqrt{\sum_{i=1}^{n} (K_i a_{hi})^2} \tag{9-2}$$

式中　a_{hw}——频率计权振动加速度,m/s²;

　　　a_{hi}——1/1或1/3倍频程第i频段实测的加速度均方根值,m/s²;

K_i——1/1 或 1/3 倍频程第 i 频段相应的计权系数,见表9-1;

n——1/1 或 1/3 倍频程总频段数。

$$L_{hw} = 20 \lg \sqrt{\sum_{i=1}^{n} (K_i \cdot 10^{L_{hi}/20})^2} \tag{9-3}$$

式中　L_{hw}——频率计权加速度级;

L_{hi}——1/1 或 1/3 倍频程第 i 频段实测的加速度级均方根值;

K_i 及 n——同式(9-2)。

表 9-1　1/1 与 1/3 倍频程的计权系数 K_i

中心频率	1/3 倍频程 K_i	1/1 倍频程 K_i
6.3	1.0	
8.0	1.0	1.0
10.0	1.0	
12.5	1.0	
16	1.0	1.0
20	0.8	
25	0.63	
31.5	0.5	0.5
40	0.4	
50	0.3	
63	0.25	0.25
80	0.2	
100	0.16	
125	0.125	0.125
160	0.1	
200	0.08	
250	0.063	0.063
315	0.05	
400	0.04	
500	0.03	0.03
630	0.025	

续表

中心频率	1/3 倍频程 K_i	1/1 倍频程 K_i
800	0.02	
1 000	0.016	0.016
1 250	0.012 6	

4. 检测仪器使用方法

选用 AWA5936-3 振动计进行测试的具体方法如下所述。

(1) 设置仪器积分时间,根据需要设置 T_m(仪器稳定后周期的整数倍)。

(2) 将加速度传感器以一定方向(如为 X 方向)安装在规定的测点上(可参照图 9-2),界面上主数据显示区即显示手传振动测量的瞬时值,这时积分数据显示区显示为 0,测量状态显示"准备",表示尚未进行积分平均测量。按下"启动/暂停"键开始测量,仪器的状态显示"启动"。仪器启动测量后同时计算并显示振动的等效值 $V_{wheq.T}$ 和测量经历时间 T_m 等测量指标。测量过程中如想暂停测量,可以再按下"启动/暂停"键,仪器的状态显示"暂停",此时仪器暂停积分测量,$V_{wheq.T}$ 显示值保持不变,瞬时值仍然会随着振动情况变化。用户如果想停止测量并保存当前测量结果,可以按"输出"键;如果想停止测量并清除当前测量结果,可以按"删除"键;如果想继续测量,可以再按"启动/暂停"键。

(3) 将传感器固定到其他方向,测量 Y 轴、Z 轴的值。

(4) 测量结束后,按"退出"键,在主界面下进入调阅界面,查看测试的数据,并记录 $V_{wheq.T}$,选取最大的测量数据作为测量结果。测量结果见表 9-2。

表 9-2　测试结果分析表

监测项目监测值	X 轴	Y 轴	Z 轴
$V_{wheq.T}$	144.0 dB	147.9 dB	144.4 dB
T_m	60 s	60 s	60 s

则选 Y 轴数据作为测量结果,用下列公式求得加速度

$$a = 10^{(L_h/20)} \cdot a_0 = 24.83 \text{ m/s}^2$$

在日接振时间不足或超过 4 h 时,将其换算为相当于接振 4 h 的频率计权振动加速度值,故

$$A(4) = a_{hw}(T/T_0)^{\frac{1}{2}} = 1.6 \text{ m/s}^2$$

因为手枪钻的工作状态比较稳定,可以用 1 min 代替 4 h 的工作量,表 9-3 给出了 4 h 工作时间内手枪钻累计工作时间的加速度等效值。

表 9-3　4 h 工作时间内手枪钻累计工作时间的加速度等效值

测试时间	1 min	5 min	10 min	1 h
测试值 m/s²	1.6	3.58	5.06	12.41

5. 测量记录

测量记录应该包括以下内容:测量日期、测量时间、气象条件(温度、相对湿度)、测量地点(单位、厂矿名称、车间和具体测量位置)、测量仪器型号和参数、测量数据、测量人员等。结果记录可参考表9-4工作场所手传振动检测记录表,最终测量结果形成实验报告。

表9-4 工作场所手传振动检测记录表

被测单位					温度/℃			批准人	
监测类型	□评价 □日常 □监督 □事故		检测依据		GBZ/T 189.8—2007	湿度 /%RH		测量人	
测量仪器			测量时间			数据单位	dB(A)	测量日期	
编号	检测地点	检测对象	设备名称和型号	测量数据				接触时间/h	备注
				X轴	Y轴	Z轴	MAX		

检测人: 校核人: 年 月 日

五、注意事项

(1)在进行现场测量时,测量人员应注意个体防护。测量时传感器安装在手握住的中心,手上应先佩戴传感器,再佩戴保护用品(手套)。

(2)测量时,小心传感器连线不要被切断。

(3)仪表不宜在强磁场、腐蚀性气体和强烈冲击的环境中使用。

六、思考题

结合本实验原理分析在手传振动测量时的取值方法。

【拓展资料】

手传振动测量专用术语

1. 加速度级

振动加速度与基准加速度之比的以10为底的对数乘以20,以 L_h 表示。

2. 频率计权振动加速度

按不同频率振动的人体生理效应规律计权后的振动加速度,单位为 m/s^2。

3. 频率计权加速度级

用对数形式表示的频率计权加速度,以 L_{hw} 表示。

4. 生物力学坐标系

以第三掌骨头作为坐标原点,Z 轴由该骨的纵轴方向确定。当手处于正常解剖位置时(手掌朝前),X 轴垂直于掌面,以离开掌心方向为正向 Y 轴通过原点并垂直于 X 轴,手坐标系中各个方向的振动均应以"h"作下标表示(Z 轴方向的加速度记为 a_{z_h},X 轴、Y 轴方向的振动以此类推)。(具体可参考《工作场所物理因素测量 第 9 部分:手传振动》(GBZ/T 189.9—2007)

第 10 章
工作场所紫外辐射检测

紫外线虽然不是电离辐射,但是能够打断化学键,同样能损伤人体组织。只不过紫外线的穿透能力不强,会受损的是人体表面的皮肤、眼睛等。皮肤对紫外线的吸收随波长而异。受到强烈的紫外线辐照,可引起皮肤红斑、水泡、水肿。

一、实验目的

(1)仪器的正确使用;

(2)熟悉工作场所紫外辐射测量的方法。

二、实验依据

本实验依据《工作场所物理因素测量 第 6 部分:紫外辐射》(GBZ/T 189.9—2007)。

三、实验仪器及要求

(1)选用紫外照度计。

(2)测量部位:

①应测量操作人员面、眼、肢体及其他暴露部位的辐照度或照射量。

②当使用防护用品如防护面罩时,应测量面罩内辐照度或照射量。具体部位是测定被测者面罩内眼部和面部。

四、实验步骤

班级以组为单位选择校园、工厂里的工作人员为测量对象。

(1)测量环境温度和湿度,并记录。

(2)打开开关。

(3)将接收器插入仪表输入插口,接收器处于被测定状态。

(4)打开接收器遮光罩,测量工作人员面、眼、肢体及其他暴露部位的辐照度或照射量。若使用防护用品时,测量部位是被测者面罩内的眼部和面部。从最大挡开始测量,仪表显示屏上读数与倍数因子的乘积即为被测位置的紫外辐照度值。

（5）仪表使用完毕,拔出接收器插头,关闭电源。

五、实验结果处理

测量完毕,记录原始数据,应包括以下内容:测量日期、测量时间、气象条件(温度、相对湿度)、测量地点(单位、厂矿名称、车间和具体测量位置)、测量仪器的型号和参数、测量数据、测量人员及工时记录等。最终形成实验报告。

若计算混合光源(电焊弧光)时,应分别测量长波紫外线、中波紫外线、短波紫外线的辐照度,然后加以计算。

例如:电焊弧光的主波长分别为 365 nm、290 nm、254 nm,其相应的加权因子分别为 0.000 11、0.64 及 0.5,具体计算公式为

$$E_{eff} = 0.000\ 11 \times E_A + 0.64 \times E_B + 0.5 \times E_C$$

式中　E_{eff}——有效辐照度,W/cm^2;

E_A——所测长波紫外线(UVA)辐照度,W/cm^2;

E_B——所测中波紫外线(UVB)辐照度,W/cm^2;

E_C——所测短波紫外线(UVC)辐照度,W/cm^2。

六、注意事项

在进行现场测量时,测量人员应注意个体防护。

第 **11** 章
易燃易爆场所防雷装置及防静电接地装置检测

一、实验目的

（1）了解易燃易爆场所防雷装置及防静电接地装置的检测方法；

（2）掌握易燃易爆场所防雷装置及防静电接地装置的检测操作。

二、实验依据

《易燃易爆场所防雷装置检测技术规范》（DB 22/T 2578—2016）；《易燃易爆场所防雷装置检测技术规范》（DB 1408/T 036—2022）；《接地装置冲击接地电阻检测技术规范》（QX/T 576—2020）。

三、实验仪器

1. 土壤电阻率的测量

使用多功能地阻测试仪或综合测试仪测量土壤电阻率，用于工频接地电阻与冲击接地电阻的换算。

2. 接闪器高度的测量

使用光学经纬仪或激光测距仪测量接闪器高度，用于计算接闪器的保护范围。

3. 材料规格的测量

使用游标卡尺和测厚仪测量防雷装置和防静电接地装置的直径、长宽、厚度等，用于装置所选材料规格的判定。

4. 连接状况的测量

使用等电位连接电阻测试仪或微欧计，测量接闪器与引下线的电气连接、等电位连接带与接地干线的电气连接及法兰跨接的过渡电阻，用于电气连接、等电位连接和跨接连接的电气连接质量判定。

5. 接地电阻的测量

使用接地电阻测试仪，测量防雷接地装置和防静电接地装置的接地电阻，用于接地装置接地电阻值的判定。

6. 辅助项目的测量

使用卷尺、直尺、温/湿度表、万用表等辅助测量工具,用于测量场所环境条件的辅助测试。

四、实验操作和结果处理

班级以小组为单位选择邻近院校的校园化工厂为测量对象,根据需要选择测量方法。

(1)防雷装置和防静电接地装置检测程序,宜按图 11-1 的框图进行。

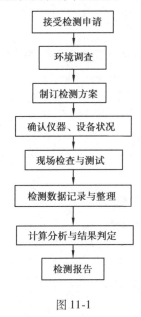

图 11-1

(2)现场防雷环境和有关资料的调查,应包括下列内容:

①根据本标准拓展资料防雷分类规定,划分一、二、三类防雷等级。

②根据易燃易爆场所防雷装置及防静电接地装置检测技术相关规范规定,划分雷电防护区。

③检查被检测场所的防雷设计、施工资料;检查防直接雷击、防雷电感应、防雷电波侵入措施;查看接闪器、引下线的安装和敷设方式;检查接地形式、等电位连接和防静电接地状况等。

(3)检查及了解供电制式、电涌保护器(SPD)的设置状况、管线布设和屏蔽措施等。

(4)检测前检查所使用的仪器仪表和测量工具是否符合易燃易爆场所的使用规定,保证其在计量合格证有效期内,并处于正常状态。仪器仪表和测量工具的精度应满足检测项目的要求。

(5)防雷装置及防静电接地装置接地电阻的测试,应在无降雨、无积水和非冻土条件下进行。

(6)检测的原始数据,应记在专用的原始记录表中相应栏目,宜参照易燃易爆场所防雷装置及防静电接地装置检测技术相关规范提供的表格填写。检测记录应用钢笔或签字笔填写,字迹工整、清楚,严禁涂改;改错宜画一条斜线在原有数据上,并在其右上方填写正确数据。原始记录应有检测人员和复核人员签字。

（7）对检测数据应逐项对比、计算，依据相关技术标准给出所检测项目的评定结论，提供检测报告。

五、注意事项

在实际生产中对易燃易爆场所防雷装置实施检测的单位应具有国家规定的相应检测资质。防雷检测人员应具有防雷检测资格证。现场检测工作应由两名或两名以上检测人员承担。检测人员在进行检测工作时，应执行易燃易爆场所作业的有关规定。

【拓展资料】

拓展资料1　易燃易爆场所防雷装置及防静电接地装置检测涉及术语

1. 易燃易爆场所（flammable and explosive place）

凡用于生产、加工、储存、运输爆炸品、压缩气体和液化气体、易燃液体、易燃固体等物质的场所。

2. 接闪器（air-termination system）

直接接受雷击的避雷针、避雷带（线）、避雷网，以及用作接闪的金属屋面和金属构件等。

3. 引下线（down-conductor system）

连接接闪器和接地装置的金属导体。

4. 接地装置（earth-termination system）

接地体和接地线的总合。

5. 接地体（earthing electrode）

埋入土壤中或混凝土基础中作散流用的导体。

6. 接地线（earthing conduct0r）

从引下线断接卡或换线处至接地体的连接导体；或从接地端子、等电位连接带至接地装置的连接导体。

7. 防雷装置（lightning protection system，LPS）

接闪器、引下线、接地装置、电涌保护器及其他连接导体的总合。

8. 雷电防护区（lightning protection zone，LPZ）

需要规定和控制雷电电磁环境的区域。

9. 直击雷（direct lightning flash）

闪电直接击在建筑物、其他物体、大地或防雷装置上，产生电效应、热效应和机械力者。

10. 雷电感应（lightning induction）

闪电放电时，在附近导体上产生的静电感应和电磁感应，它可能使金属部件之间产生火花。

11. 静电感应（electrostatic induction）

由于雷云的作用，附近导体上感应出与雷云符号相反的电荷，雷云主放电时，先导通道中的电荷迅速中和，在导体上的感应电荷得到释放，如没有就近泄入地中就会产生很高的电位。

12. 电磁感应（electromagnetic induction）

由于雷电流迅速变化，在其周围空间产生瞬变的强电磁场，使附近导体上感应出很高的电动势。

13. 雷电波侵入(lightning surge on incoming services)

由于雷电对架空线路、电缆线路或金属管道的作用,雷电波可能沿着这些管线侵入屋内,危及人身安全或损坏设备。

14. 雷击电磁脉冲(lightning electromagnetic impulse,LEMP)

雷击电磁脉冲是一种干扰源,指闪电直接击在建筑物防雷装置和建筑物附近所引起的效应。绝大多数是通过连接导体干扰,如雷电流或部分雷电流导致被雷电击中的装置的电位升高,以及电磁辐射干扰。

15. 等电位连接(equipotential bonding)

将分开的装置、各导电体物体用等电位连接导体或电涌保护器连接起来以减小雷电流在它们之间产生的电位差。

16. 等电位连接带(bonding bar)

将金属装置、外来导电物、电力线路、通信线路及其他电缆连于其上以能与防雷装置做等电位连接的金属带。

17. 等电位连接导体(bonding conductor)

将分开的装置各部分互相连接以使它们之间电位相等的导体。

18. 等电位连接网络(bonding network)

由一个系统的各外露导电部分做等电位连接的导体所组成的网络。

19. 电磁屏蔽(electromagnetic shielding)

用导电材料减少交变电磁场向指定区域穿透的屏蔽。

20. 电涌保护器(surge protective device,SPD)

目的在于限制瞬态过电压和分走电涌电流的器件。它至少含有一个非线性元件。

21. 静电接地系统(electrostatic earthing system)

带电体上的电荷向大地泄漏、消散的外界导出通道。

22. 直接静电接地(direct static earthing)

物体通过金属导体接地的一种方式。

23. 间接静电接地(indirect static earthing)

物体通过非金属导体或防静电材料以及防静电制品接地的一种接地方式。

24. 静电接地电阻(earthing resistance of static electricity)

静电接地系统的对地电阻。

25. 冲击接地电阻(impulsive grounding resistance)

接地装置在通过雷电流时所呈现的电阻。

26. 工频接地电阻(power frequency grounding resistance)

工频电流流过接地装置,接地体与远方大地之间的电阻。其数值等于接地装置相对远方大地的电压与通过接地体流入地中电流的比值。

27. 防雷装置检测(lightning protection system check and measure)

对易燃易爆场所的防雷装置进行检查、测量和信息综合处理的全过程。

28. 防静电接地装置检测(static-electricity-protecting grounding system check and measure)

对易燃易爆场所的防静电接地装置进行检查、测量和信息综合处理的全过程。

拓展资料2　防雷分类

易燃易爆场所应根据其重要性、使用性质、发生雷电事故的可能性和后果,按防雷要求分为三类。

(1)遇下列情况之一时,应划为第一类:

①凡制造、使用或贮存炸药、火药、起爆药、火工品等大量爆炸物质的建筑物,因电火花而引起爆炸,会造成巨大破坏和人身伤亡者;

②具有0区或10区爆炸危险环境的建筑物;

③具有1区爆炸危险环境或21区火灾危险环境的建筑物,因电火花而引起爆炸,会造成巨大破坏和人身伤亡者。

(2)遇下列情况之一时,应划为第二类:

①制造、使用或贮存爆炸物质的建筑物,且电火花不易引起爆炸或不致造成巨大破坏和人身伤亡者;

②具有1区爆炸危险环境或22区火灾危险环境的建筑物,且电火花不易引起爆炸或不致造成巨大破坏和人身伤亡者;

③具有2区或11区爆炸危险环境或23区火灾危险环境的建筑物;

④工业企业内有爆炸危险的露天钢质封闭气罐。

(3)不属于第一、二类防雷建筑物的易燃易爆场所,应根据雷击后对工业生产的影响及产生的后果,并结合当地气象、地形、地质及周围环境等因素确定划为第三类。

拓展资料3　防雷装置及静电接地装置检测方法

1. 目测

查看易燃易爆场所防雷装置及防静电接地装置的安装工艺、焊接状况、防腐措施、线缆敷设情况等项目,记录在现场调查表及原始记录表中。

2. 器测

1)土壤电阻率的测量

使用多功能地阻测试仪或综合测试仪,测量土壤电阻率,用于工频接地电阻与冲击接地电阻的换算。

2)接闪器高度的测量

使用光学经纬仪或激光测距仪,测量接闪器高度,用于计算接闪器的保护范围。

3)材料规格的测量

使用游标卡尺和测厚仪,测量防雷装置和防静电接地装置的直径、长宽、厚度等,用于装置所选材料规格的判定。

4)连接状况的测量

使用等电位连接电阻测试仪或微欧计,测量接闪器与引下线的电气连接、等电位连接带与接地干线的电气连接及法兰跨接的过渡电阻,用于电气连接、等电位连接和跨接连接的电气连接质量判定。

5)接地电阻的测量

使用接地电阻测试仪,测量防雷接地装置和防静电接地装置的接地电阻,用于接地装置接地电阻值的判定。

6）辅助项目的测量

使用卷尺、直尺、温/湿度表、万用表等辅助测量工具,用于测量场所环境条件的辅助测试。

3. 检测周期

1）定期检测

对易燃易爆场所的防雷装置及防静电接地装置实行定期检测制度,应每半年检测一次。

2）不定期检测

根据建设项目防雷工程施工进度或对存在防雷安全隐患的场所,应实行不定期检测。

拓展资料4　防雷装置及静电接地装置检测内容

1. 防雷装置

1）接闪器

（1）检查接闪器的材质、规格（包括直径、截面积、厚度）、与引下线的焊接工艺、防腐措施、保护范围及其与保护物之间的安全距离应符合相关标准的要求。

（2）检查第一类建筑物附近且高于建筑物的树木与建筑物之间的净距,要求不应小于5 m。

（3）检查接闪器不应有明显机械损伤、断裂及严重锈蚀现象。

（4）检查接闪器上不应绑扎或悬挂各类电源线路、信号线路。

（5）测试接闪器与每一根引下线的电气连接。

（6）测试屋面电气设备、金属构件与防雷装置的电气连接。

（7）测试防侧击雷装置与接地装置的电气连接。

2）引下线

（1）检查引下线的设置、材质、规格（包括直径、截面积、厚度）、焊接工艺、防腐措施应符合相关标准的要求。

（2）检查引下线不应有明显机械损伤、断裂及严重锈蚀现象。

（3）检查各类信号线路、电源线路与引下线之间距离,水平净距不应小于1 000 mm,交叉净距不应小于300 mm。

（4）检查引下线之间的距离应符合相关标准的要求。

（5）宜按相关标准提供的测试方法,测试每根引下线的接地电阻,设有断接卡的引下线,每次检测应断开断接卡测量其接地装置电阻。

3）接地装置

（1）防雷接地装置检测时,应查看设计、施工资料,检查接地体材质、防腐措施、取材规格、截面积、厚度、埋设深度、焊接工艺以及与引下线连接应符合相关标准的要求。

（2）检查防直击雷的人工接地体与建筑物出入口或人行道之间的距离应符合相关标准的要求。

（3）测试接地装置的接地电阻。

4）等电位连接

（1）检查穿过各雷电防护区交界的金属部件,以及建筑物内的设备、金属管道、电缆桥架、电缆金属外皮、金属构架、钢屋架、金属门窗等较大金属物,应就近与接地装置或等电位连接板(带)作等电位连接,测试其电气连接。

(2)检查等电位连接线的材质、规格、连接方式及工艺应符合相关标准的要求。

(3)检查平行敷设的管道、构架和电缆金属外皮等长金属物,其净距小于 100 mm 时应采用金属线跨接,跨接点的间距不应大于 30 m;交叉净距小于 100 mm 时,其交叉处亦应跨接。当长金属物的弯头、阀门、法兰盘等连接处的过渡电阻大于 0.03 Ω 时,连接处应用金属线跨接。

5)电磁屏蔽

(1)检查屏蔽层应保持电气连通,金属线槽宜采取全封闭,两端应接地,测试其电气连接。

(2)检查建筑物之间敷设的电缆,其屏蔽层两端应与各自建筑物的等电位连接带连接,测试其电气连接。

(3)检查屏蔽电缆的金属屏蔽层至少应在两端且宜在防雷交界处做等电位连接,当系统要求只在一端做等电位连接时,应采用两层屏蔽,外层屏蔽应至少在两端做等电位连接,测试其电气连接。

(4)检查易燃易爆场所使用的低压电气设备其金属外壳应接地,连接电气设备的电源线路、信号线路屏蔽外层与其金属外壳做等电位连接,测试其接地电阻和电气连接。

6)电涌保护器

(1)检查 SPD 的安装场所应与使用环境要求相适应。

(2)检查多级 SPD 之间的间距。在电源或信号线路上安装多级 SPD 时,SPD 之间的线路长度应按生产厂提供的试验数据。如无试验数据时,电压开关型 SPD 与限压型 SPD 之间的线路长度不宜小于 10 m,限压型 SPD 之间的线路长度不宜小于 5 m,长度达不到要求应加装退耦元件。

(3)检查 SPD 的工作状态。SPD 的状态指示器应与生产厂说明相一致,处于正常工作状态。

(4)检查 SPD 连接线的安装工艺。SPD 两端的连接线应平直,其长度不宜超过 0.5 m,连接线的截面积应符合相关标准的要求。

(5)测试 SPD 接地线的接地电阻。

2. 防静电接地装置

易燃易爆场所的防静电接地装置检测根据检测内容按相关标准分为生产场所和储运场所两类。

1)生产场所

(1)检查生产场所的工艺装置(操作台、传送带、塔、容器、换热器、过滤器、盛装溶剂或粉料的容器等)、设备等金属外壳的静电接地状况,测试其与接地装置的电气连接。静电接地连接线应采取螺栓连接,静电接地线的材质、规格宜符合相关标准的要求。

(2)检查直径大于或等于 2.5 m 及容积大于或等于 50 m³ 的装置静电接地点的间距。间距应不大于 30 m,且不少于两处,测试其与接地装置的电气连接。

(3)检查有振动性的工艺装置或设备的振动部件静电接地状况,测试其与接地装置的电气连接。静电接地线的材质、规格宜符合相关标准的要求。

(4)检查皮带传动的机组及其皮带的防静电接地刷、防护罩的静电接地状况,测试其与接地装置的电气连接。静电接地线的材质、规格宜符合相关标准的要求。

(5)检查可燃粉尘的袋式集尘设备中织入袋体的金属丝的接地端子的静电接地状况,测试其与接地装置的电气连接。静电接地线的材质、规格宜符合相关标准的要求。

(6)检查与地绝缘的金属部件(如法兰、胶管接头、喷嘴等)的静电接地状况,要求采用铜芯软绞线跨接引出接地,静电接地线的材质、规格宜符合相关标准的要求。

(7)检查在粉体筛分、研磨、混合等其他生产场所金属导体部件的等电位连接和静电接地状况,测试其电气连接和静电接地电阻。导体部件与连接线应采取螺栓连接,静电接地线的材质、规格宜符合相关标准的要求。

(8)检查生产场所的静电接地干线和接地体用钢材的材质、规格宜符合相关标准的要求,测试其静电接地电阻。

(9)检查在生产场所进口处,应设置人体导静电接地装置,测试其接地电阻。

2)储运场所

(1)油气罐区

①检查储罐应利用防雷接地装置兼作防静电接地装置。

②检查使用前储罐内各金属构件(搅拌器、升降器、仪表管道、金属浮体等)与罐体的电气连接状况,测试其电气连接。连接线的材质、规格宜符合相关标准的要求。

③检查浮顶罐的浮船、罐壁、活动走梯等活动的金属构件与罐壁之间的电气连接状况,测试其电气连接。连接线应取截面不小于 25 mm² 铜芯软绞线进行连接,连接点应不少于两处。

④检查油(气)罐及罐室的金属构件以及呼吸阀、量油孔、放空管及安全阀等金属附件的电气连接及接地状况,测试其电气连接。

⑤检查在扶梯进口处,应设置人体导静电接地装置,测试其接地电阻。

(2)油气管道系统

①检查长距离无分支管道及管道在进出工艺装置区(含生产车间厂房、储罐等)处、分岔处应按要求设置接地,测试其接地电阻。

②检查距离建筑物 100 m 内的管道,应每隔 25 m 接地一次,测试其接地电阻。

③检查平行管道净距小于 100 mm 时,每隔 20 ~ 30 m 作电气连接,当管道交叉且净距小于 100 mm 时,应作电气连接,测试其电气连接。

④检查管道的法兰应作跨接连接,在非腐蚀环境下不少于 5 根螺栓可不跨接,测试法兰跨接的过渡电阻。静电连接线的材质、规格宜符合相关标准的要求。

⑤检查工艺管道的加热伴管,应在伴管进气口、回水口处与工艺管道作电气连接,测试其电气连接。静电连接线的材质、规格宜符合相关标准的要求。

⑥检查储罐的风管及外保温层的金属板保护罩,其连接处应咬口并利用机械固定的螺栓与罐体作电气连接并接地,测试其与接地装置的电气连接。

⑦检查金属配管中间的非导体管两端金属管应分别与接地干线相连,或采用截面不小于 6 mm² 的铜芯软绞线跨接后接地,测试跨接线两端的过渡电阻。

⑧检查非导体管段上的所有金属件应接地,测试其与接地装置的电气连接。

(3)油气运输铁路与汽车装卸区

①检查油气装卸区域内的金属管道、设备、路灯、线路屏蔽管、构筑物等应按要求作电气连接并接地,测试其与接地装置的电气连接。接地线的材质、规格宜符合相关标准的要求。

②检查油气装卸区域内铁路钢轨的两端应接地,区域内与区域外钢轨间的电气通路应采

取绝缘隔离措施,平行钢轨之间应在每个鹤位处进行一次跨接,测试其与接地装置的电气连接。接地线的材质、规格宜符合相关标准的要求。

③检查每个鹤位平台或站台处与接地干线直接相连的接地端子(夹),应与鹤管端口保持电气连接,测试其与接地装置的电气连接。

④检查罐车、槽罐车及储罐等装卸场地宜设置能检测接地状况的静电接地仪器,测试其静电接地电阻。

⑤检查操作平台梯子入口处,应设置人体导静电接地装置,测试其接地电阻。

（4）油气运输码头

①检查码头趸船应按要求在陆地上设置不少于一处的静电接地装置,接地线的材质、规格宜符合相关标准的要求,测试其静电接地电阻。

②检查码头的金属管道、设备、构架(包括码头引桥,栈桥的金属构件,基础钢筋等)应按要求作电气连接并与静电接地装置相连,测试其电气连接和静电接地电阻。接地线的材质、规格宜符合相关标准的要求。

③检查装卸栈台或趸船应设置与储运船舶跨接的导静电接地装置,接地线的材质、规格宜符合相关标准的要求,测试其电气连接。

（5）气液充装站

①检查气液充装管道与充装设备电缆金属外皮(或电缆金属保护管)应按要求共用接地,测试其静电接地电阻。

②检查气液充装软管(胶管)两端连接处应采用金属软铜线跨接,测试其电气连接。

③气液充装站的储罐设施的检测宜按相关标准规定进行;水上充装站宜按有关规定进行。

（6）油气泵房(棚)

①检查进入泵房(棚)的金属管道应在泵房(棚)外侧设置接地装置,测试接地电阻。

②检查泵房(棚)内设备(电机、烃泵等)应作静电接地,接地线材质、规格宜符合相关标准的要求,测试其静电接地电阻。

③检查泵房(棚)入口处,应设置人体导静电接地装置,测试其静电接地电阻。

（7）仓储库房及其他储运场所

①检查易燃易爆仓储库房及其他储运场所的金属门窗、进入库房的金属管道、室内的金属货架及其他金属装置应采取防静电接地措施,接地线材质、规格宜符合相关标准的要求,测试其静电接地电阻。

②检查易燃易爆仓储库房入口处,应设置人体导静电接地装置,测试其静电接地电阻。

3. 测试阻值的要求

（1）仪表测试的工频接地电阻与冲击接地电阻的换算方法按相关标准执行。

（2）第一类防雷建筑物采用独立的接地装置,每一引下线的冲击接地电阻不宜大于 10 Ω;第二类防雷建筑物,每根引下线的冲击接地电阻不应大于 10 Ω;第三类防雷建筑物,每根引下线的冲击接地电阻不宜大于 30 Ω,但年预计雷击次数大于或等于 0.012 次/a,且小于或等于 0.06 次/a 的重要建筑物,则不宜大于 10 Ω。

（3）当建筑物防雷接地和电气设备共用地网时,接地电阻不应大于 4 Ω。

（4）当计算机网络、消防系统、监控系统等,其接地与建筑物防雷接地共用地网时,其接地电阻按各系统要求的最小值确定(防触电和防雷共用时,不大于 1 Ω)。

(5)当采取电气连接、等电位连接和跨接连接时,其过渡电阻不宜大于 0.03 Ω。

(6)生产、储运场所的设备、装置等采取静电接地时,当静电接地、屏蔽接地与防雷电感应接地系统共用时,其接地电阻不应大于 4 Ω;专设的静电接地体,其接地电阻不应大于 100 Ω。

(7)露天钢质储罐、泵房(棚)外侧的管道接地、直径大于或等于 2.5 m 及容积大于或等于 50 m³ 的装置和覆土油罐的罐体及罐室的金属构件以及呼吸阀、量油孔等金属附件,接地电阻不应大于 10 Ω。

(8)地上油气管道接地装置的接地电阻不应大于 30 Ω。

(9)距离建筑物 100 m 内的管道接地电阻不应大于 20 Ω。

(10)静电接地电阻值有特殊规定的,按其规定执行;当采取间接静电接地时,其接地电阻不应大于 1 MΩ。

第四篇
生产装置安全检测

无损检测,就是利用声、光、磁和电等特性,在不损害或不影响被检对象使用性能的前提下,检测被检对象中是否存在缺陷或不均匀性,给出缺陷的大小、位置、性质和数量等信息,进而判定被检对象所处技术状态(如合格与否、剩余寿命等)的所有技术手段的总称。常用的无损检测方法有超声波检测、渗透检测、磁粉检测、射线检测、涡流检测5种,其他还有声发射检测,远场测试检测等。

第12章
生产装置安全检测——无损检测

12.1 超声波检测

超声波检测方法很多,但目前用得最多的是脉冲反射法,适用于各个行业,如:油井管钻杆焊缝超声波探伤、铜及铜合金管材超声波纵波探伤、锻钢件超声波探伤、无缝和焊接(埋弧焊除外)钢管纵向和/或横向缺欠的全圆周自动超声检测、建筑钢结构焊缝超声波探伤等。本次实验学生不具备《特种设备无损检测人员考核与监督管理规则》考核合格取得的超声检测Ⅱ级或Ⅱ级以上资格证书的,根据学院现有实验设备、实验条件等选择校园热水锅炉、校园食堂用的天然气管、校园自来水总管等焊接处作为检测对象,从而加强学生对超声波检测的理解。

一、实验目的

(1)加强对超声波检测的理解;
(2)了解超声波检测的工作原理;
(3)熟悉超声波检测仪的使用。

二、实验仪器准备

1. A 型脉冲反射式超声波探伤仪

探头频率一般在 2~5 MHz,一般选用 2~2.5 MHz 公称频率探头。特殊情况下可选用低于 2 MHz 或高于 2.5 MHz 检验频率,但必须保证系统灵敏度要求。

2. 耦合剂的选用

焊缝超声波探伤常用耦合剂有机油、甘油、CMC(化学纤维素)糨糊、润滑脂和水等。(一般工程施工常用的为机油、糨糊两类耦合剂。当工件表面光洁度较差时,选用声阻抗较大的耦合剂甘油可获得较好的透声性能。)

3. 扫描速度调整

调节扫描速度有 3 种方法:

①声程比例法:将荧光上时基扫描线长度调整成声程读数,常用 CSK-IA 试块、半圆试块来调整。

②水平比例法:将荧光上时基扫描线长度调整成水平距离读数,常用 CSK-IA 或 CSK-ⅢA 试块来调整。

③深度比例法:将荧光上时基扫描线长度调整成水平距离读数,常用 CSK-IA 试块来调整。在焊缝探伤中,角度探伤可用声程定位。但现在焊缝探伤中普遍选用 K 值探头,板厚小于 20 mm 宜用水平比例法,板厚大于 20 mm 时宜用深度比例法。

4. 距离-波幅(DAC)曲线的绘制

对于管节点,采用在 CSK-ICJ 试块上实测的直径 3 mm 的横孔反射波幅数据及表面补偿和曲面复测灵敏度修正数据,对于板节点,则采用在 CSK-IDJ 型试块实测的直径 3 mm 横孔反射波幅数据及表面补偿数据。DAC 曲线由判废线 RL、定量线 SL 和评定线 EL 组成。

三、实验操作及结果处理

班级以组为单位选择测量对象。

1. 探伤区及探伤面准备

在探伤前必须准备好探伤区的探伤面,检测表面应平整光滑。探头移动区应清理焊接飞溅、铁屑、油垢及其他阻碍声耦合的杂物,检测面一般应进行清理打磨,使钢板露出金属光泽,其表面粗糙度应不超过 6.3 μm。

2. 调节探伤灵敏度

连接仪器和探头,在试块上调节探伤灵敏度。在工件上涂布耦合剂,探头沿垂直于钢板的压延方向做间距为 100 mm 的平行线扫查。坡口两侧 50 mm(板厚超过 100 mm 时,以板厚的一半为准)内做 100% 扫查。

探头的扫查速度不应超过 150 mm/s。当采用自动报警装置扫查时,不受此限。做 100% 扫查时探头每次扫查的覆盖范围应大于探头直径的 15%。

3. 缺陷的测定与记录

(1)在检测过程中,发现下列三种情况之一即作为缺陷:

①缺陷第一次反射波 F_1 的波高大于或等于满刻度的 50%。

②当底面第一次反射波 B_1 的波高未达到满刻度,此时,缺陷第一次反射波 F_1 的波高与底面第一次反射波 B_1 的波高之比大于或等于 50%。

③底面第一次反射波 B_1 的波高低于满刻度的 50%。

(2)缺陷的边界范围或指示长度的测定方法:

①检出缺陷后,应在它的周围继续进行检测,以确定缺陷的范围。

②用双晶直探头确定缺陷的边界范围或指示长度时,探头的移动方向应与探头的隔声层相垂直,并使缺陷波下降到基准灵敏度条件下荧光屏满刻度的 25% 或使缺陷第一次反射波的波高与底面第一次反射波的波高之比为 50%。此时,探头中心的移动距离即为缺陷的指示长度,探头中心点即为缺陷的边界点。两种方法测得的结果以较严重者为准。

③用单直探头确定缺陷的边界范围或指示长度时,移动探头使缺陷波第一次反射波的波高下降到基准灵敏度条件下荧光屏满刻度的 25% 或使缺陷第一次反射波与底面第一次反射波的波高之比为 50%。此时,探头中心的移动距离即为缺陷的指示长度,探头中心即为缺陷的边界点。两种方法测得的结果以较严重者为准。

④确定③中缺陷的边界范围或指示长度时,移动探头(单直探头或双直探头)使底面第一次反射波升高到荧光屏满刻度的 50%。此时探头中心移动距离即为缺陷的指示长度,探头中心点即为缺陷的边界点。

⑤当板厚较薄,确需采用第二次缺陷波和第二次底波来评定缺陷时,基准灵敏度应以相应的第二次反射波来校准。

(3)检测时应记录缺陷反射波的情况,缺陷指示长度或指示面积并做好记录。

四、注意事项

针对本次实验超声波检测仪的选用要求如下。

(1)采用 A 型脉冲反射式超声波探伤仪,其工作频率范围为 0.5 ~ 10 MHz。

(2)仪器至少在荧光屏满刻度的 80% 范围内呈线性显示。

(3)探伤仪应具有 80 dB 以上的连续可调衰减器(增益),步进级每挡不大于 2 dB,其精度为任意相邻 12 dB 误差在 ±1 dB 以内,最大累计误差不超过 1 dB。

(4)水平线性误差不大于 1%;垂直线性误差不大于 5%。

(5)探伤仪的性能核对:探伤仪应根据给定的项目核对,应开始使用时每 3 个月核查,结果不满足规定的性能时,探伤仪不能使用。

(6)探头大致分为直探头和斜探头两种:

①直探头:晶片有效面积一般不应大于 50 mm²,且任一边长原则上不大于 25 mm;频率为 2 ~ 5 MHz。

②斜探头:斜探头声束轴线水平偏离角不大于 2°,主声束垂直方向不应有明显的双峰;实际的角度 K 值、前沿距离应在检验调校时检查和确认并且记录在检测报告上。

【拓展资料】

拓展资料 1　T 型接头、角接头及管座角焊缝的超声波检测要求

在选择探伤面和探头时,应考虑到检测各种类型缺陷的可能性,并使声束尽可能垂直于该结构焊缝中的主要缺陷。

1. T 型接头检测方法

(1)对腹板厚度不同的 T 型接头选用不同折射角,见表 12-1。在腹板一侧做直射法和一次反射法探伤,检出焊缝内缺陷。翼板厚度不小于 10 mm 时,折射角为 45°~60°。

表 12-1　腹板厚度与选用的折射角表

腹板厚度/mm	折射角/(°)
<25	70
25~50	60
>50	45

(2)采用折射角 45° 探头在腹板一侧做直射法和一次反射法探伤,探测焊缝及腹板侧热影响区的裂纹。

(3)为探测腹板和翼板间未焊透或翼板侧焊下层状撕裂等缺陷,可采用直探头或斜探头在翼板外侧探伤或采用折射角 45° 探头在翼板内侧做一次反射法探伤。

2. 角接接头

一般采用斜探头在母材两侧检测,斜探头折射角 按表 12-1 选择,具体探伤方法可参照 T 型接头超声波探伤方法进行。

3. 管座角焊缝

(1)根据焊缝结构形式,管座角焊缝的检验有如下 5 种探测方式,可选其中一种或几种方式组合实施检验。探测方式的选择应由合同双方商定,并重点考虑主要探测对象和几何条件的限制。

①在接管内壁采用直探头检测。

②在容器内壁采用直探头检测。

③在接管外壁采用斜探头检测。

④在接管内壁采用斜探头检测。

⑤在容器外壁采用斜探头检测。

(2)管座角焊缝以直探头检验为主,推荐采用频率 2.5 MHz 直探头或双晶直探头,探头与工件接触面的尺寸 W 应小于 $2R$,R 为接触面的曲率半径。对直探头扫查不到的区域或结构,以及由于缺陷方向性不适于采用直探头检验时,可采用斜探头检验。

拓展资料 2　材料的超声波探伤要求

1. 材料的超声波探伤要求

在超声波探伤后,应对探伤的材料做标识,记录材料的材料类型、合格状态,并在材料上做全标记,以方便确认探伤和下次返修。

探伤前,材料表面必须清理干净。

2.设备机具配置

根据超声波探伤的不同可以选择超声波探伤仪、探头、耦合剂、试块等设备。

3.材料质量缺陷检验

(1)在检测过程中,发现下列三种情况之一者,即作为缺陷。

①缺陷一次回波波高不小于满刻度的50%;

②当底波波高未达到满刻度,而缺陷一次回波波高与底波波高之比不小于50%;

③当底波波高小于满刻度的50%。

(2)缺陷的边界或指示长度测定应符合下列规定。

①检出缺陷后,应在它的周围继续进行检测,以确定缺陷的延伸。

②双晶直探头移动方向应与探头声波分割面相垂直,并使缺陷波下降到探测灵敏度条件下满刻度的25%或缺陷一次回波与底波高之比为50%。此时,探头中心的移动距离即为缺陷的指示长度,探头中心点即为缺陷的边界点。两种方法测得的结果以较严重者为准。

③单直探头移动使缺陷一次回波下降到探测灵敏度下满刻度的25%或使缺陷一次回波与底波波高之比为50%,缺陷指示长度或边界同(2)中的②条。

④确定(1)中的③条缺陷的边界或指示长度时,移动探头使底波升高到满刻度的50%,缺陷指示长度或边界亦同(2)中的②条。

⑤当用缺陷二次波和底面二次波评定缺陷时,探测灵敏度应以相应的二次波来校准。

4.缺陷分类和缺陷评定

1)缺陷分类

超声波探伤结果的缺陷按Ⅰ~Ⅳ4个级别评定,除设计另有规定外,一般一级焊缝,缺陷评定等级Ⅱ级为合格,二级焊缝,缺陷评定等级Ⅲ级为合格。在高温和腐蚀性气体作业环境及动力疲劳荷载工况下,缺陷评定等级Ⅱ级为合格。

2)缺陷评定

材料的缺陷评定(以钢板为例)应符合下列规定。

(1)一个缺陷按其指示的最大长度作为该缺陷的指示长度,而按其指示的面积作为该缺陷的单个指示面积,若单个缺陷的指示长度小于40 mm时,可不做记录。

(2)多个缺陷其相邻间距小于100 mm或间距小于相邻缺陷的指示长度(取其较大值)时,其各块缺陷面积之和作为单个缺陷指示面积。

(3)指示面积下计的单个钢板缺陷等级评定,或钢板缺陷的评级如表12-2所示。在钢板周边50 mm可探测区域内及坡口预定线两侧各50 mm(板厚大于100 mm时,以板厚的一半为准内,缺陷的指示长度不小于50 mm时以及当缺陷被判为白点、裂纹等危害性缺陷时,应评为Ⅳ级)。

表 12-2　钢板缺陷的评级

等级	单个缺陷指示长度/mm	单个缺陷指示面积/cm²	以单个缺陷指示面积不计/cm²
Ⅰ	<80	<25	<9
Ⅱ	<100	<50	<15

续表

等级	单个缺陷指示长度/mm	单个缺陷指示面积/cm²	以单个缺陷指示面积不计/cm²
Ⅲ	<120	<100	<25
Ⅳ	缺陷大于Ⅲ级者		

5. 焊接接头复检

(1)按比例抽查的焊接接头有不合格的或不合格率为焊缝数的 2% ~ 5% 时,应加倍抽查,且应允许不合格部位两侧的焊缝延长线各增加一处进行扩探,扩探仍有不合格者,则应对该焊工施焊的焊接接头部位进行全数检测和质量评定。

(2)经超声波探伤不合格的焊接接头,应予返修。返修次数不得超过两次。应在相同条件下重新检测。

12.2　渗透检测

渗透检测(Penetrant Testing,PT),又称渗透探伤,是一种以毛细作用原理为基础的检查表面开口缺陷的无损检测方法,是一门综合性科学技术。渗透检测的优点为可检测各种材料,包括金属、非金属材料,磁性、非磁性材料;具有较高的灵敏度(可发现 0.1 μm 宽缺陷);显示直观、操作方便、检测费用低。渗透检测的缺点及局限性表现为它只能检出表面开口的缺陷;不适于检查多孔性疏松材料制成的工件和表面粗糙的工件;渗透检测只能检出缺陷的表面分布,难以确定缺陷的实际深度,因而很难对缺陷作出定量评价;检出结果受操作者的影响也较大。

一、实验目的

(1)学会利用渗透检测的方法检测焊接等工件的表面或近表面的裂纹、气孔等缺陷。
(2)熟练掌握并学会运用渗透检测技术。

二、实验原理

如图 12-1 所示,先用清洗剂对工件表面进行预清洗,在被检测工件表面涂覆某些渗透力较强的渗透液,在毛细作用下渗透液渗入到工件表面开口的缺陷中,然后用清洗剂去除工件表面上多余的渗透液(保留渗透到表面缺陷中的渗透液),再在工件表面上涂上一层显像剂,缺陷中的渗透液在毛细作用下重新被吸到工件的表面,从而形成缺陷的痕迹。根据在黑光(荧光渗透液)或白光(着色渗透液)下观察到的缺陷显示痕迹,作出缺陷的评定。

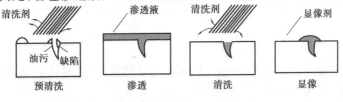

图 12-1

三、实验器材

(1)喷罐式溶剂去除型着色渗透检测材料:一套(其灵敏度符合实验要求);

(2)试板;

(3)白光灯、放大镜;

(4)钢丝刷、砂纸、锉刀等工具;

(5)无绒布或纱布。

四、实验步骤

班级以组为单位选择校园、工厂里的焊接管,利用带有荧光染料(荧光法)或红色染料(着色法)渗透剂的渗透作用,对缺陷痕迹进行渗透检测。

渗透检测的步骤:预处理(干燥,去除铁锈、氧化皮、油渍、污渍等)、渗透、乳化、中间清洗、干燥、显像、观察、质量评定。

1. 预处理

在渗透探伤前,应对受检表面及附近 30 mm 范围内进行清理,不得有污垢、锈蚀、焊渣、氧化皮等。当受检表面妨碍显示时,应打磨或抛光处理。在喷、涂渗透剂之前,需清洗受检表面,如用丙酮干擦,再用清洗剂将受检表面洗净,然后烘干或晾干。

2. 渗透

用浸浴、刷涂或喷涂等方法将渗透剂加于受检表面。采用喷涂法时,喷嘴距受检表面宜为 20 ~ 30 mm,渗透剂必须湿润全部受检表面,并保证足够的渗透时间(一般为 15 ~ 30 min)。若对细小的缺陷进行探测,可将工件预热到 40 ~ 50 ℃后进行渗透。

3. 乳化

当使用后乳化型渗透剂时,应在渗透后清洗前用浸浴、刷涂或喷涂方法将乳化剂加于受检表面。乳化剂的停留时间可根据受检表面的粗糙度及缺陷程度确定,一般为 1 ~ 5 min,然后用清水洗净。

4. 清洗

添加的渗透剂达到规定的渗透时间后,可用布将表面多余的渗透剂除去,然后用清洗剂清洗,但需注意不要把缺陷里面的渗透剂洗掉。若采用水清洗渗透剂时,可用水喷法。水喷法的水管压力为 0.2 Mpa,水温不超过 43 ℃,当采用荧光渗透剂时,对不宜在设备中洗涤的大型零件,可用带软管的管子喷洗,且应由上往下进行,以避免留下一层难以去除的荧光薄膜。当采用溶剂去除渗透剂时,须在受检表面喷涂溶剂,以去除多余的渗透剂,并用干净布擦干。

5. 干燥

用清洗剂清洗时,应自然干燥或用布、纸擦干,不得加热干燥。在用干式或快干式显像剂显像前,或者在使用湿式显像剂以后的干燥处理中,被检工件表面的干燥温度应不大于 52 ℃。

6. 显像

清洗后,在受检表面上刷涂或喷涂一层薄而均匀的显像剂,厚度为 0.05 ~ 0.07 mm,保持 15 ~ 30 min 后进行观察。

7. 观察

着色渗透法:应在 350 lx 以上的可见光下用肉眼观察,当受检表面有缺陷时,即可在白色的显像剂上显示出红色图像。

荧光渗透法:用黑光灯或紫外线灯在黑暗处进行照射,被检物表面上的标准荧光强度应大于 50 lx,当有缺陷时,即显示出明亮的荧光图像。必要时可用 5~10 倍放大镜观察,以免遗漏微细裂纹。

8. 质量评定

钢制压力容器不允许有任何裂纹和分层存在。发现裂纹或分层时应做好记录,并按《压力容器焊接规程》(JB/T 4709—1992)中的规定进行修磨和补焊。对于钢制压力容器的具体产品,其渗透探伤的质量评定应按相应的产品标准《钢制压力容器焊接工艺评定》(JB 4708—1992)进行。

五、实验报告要求

做好记录并根据标准、规范或技术文件进行质量评定,最后出具实验报告。具体要求如下:

①采用校实验报告纸手写。

②写明班级、学号、试验日期、试验内容、试验目的。

③注意交代清楚每步试验的材料、使用的器具、采用的方法。

④每位同学独立完成,互相讨论,理清思路,可按实验顺序自行整理实验内容、实验目的。

⑤除按照实验顺序整理实验内容外,应注重对实验中的某一两个环节进行较为深入的讨论。

六、实验注意事项

(1)使用前认真阅读实验指导书,分辨清楚不同着色剂功能和使用次序后方可开始实验。

(2)进行本实验前,应事先佩戴好口罩。

(3)实验完成后,清理干净现场。

12.3　磁粉检测

磁粉检测(Magnetic Particle Testing,MT),又称磁粉检验或磁粉探伤,属于无损检测常规方法之一。磁粉检测的特点如下:

①适宜铁磁材料探伤,不能用于非铁磁材料检验。

②可以检出表面和近表面缺陷,不能用于检查内部缺陷。可检出的缺陷埋藏深度与工件状况、缺陷状况以及工艺条件有关,一般为 1~2 mm,较深者可达 3~5 mm。

③检测灵敏度很高,可以发现极细小的裂纹以及其他缺陷。

④检测成本很低,速度快。

⑤工件的形状和尺寸有时对探伤有影响,因其难以磁化而无法探伤。

磁粉检测适用范围如下:

①适用于检测铁磁性材料表面和近表面缺陷,如表面和近表面间隙极窄的裂纹和目视难以看出的其他缺陷。不适合检测埋藏较深的内部缺陷。

②适用于检测铁镍基铁磁性材料,如马氏体不锈钢和沉淀硬化不锈钢材料,不适用于检测非磁性材料,如奥氏体不锈钢材料。

③适用于检测未加工的原材料(如钢坯)和加工的半成品、成品件及正在使用与使用过的工件。

④适用于检测管材、棒材、板材、型材和锻钢件、铸钢件及焊接件。

⑤适用于检测工件表面和近表面的延伸方向与磁力线方向尽量垂直的缺陷,但不适用于检测延伸方向与磁力线方向夹角小于20°的缺陷。

⑥适用于检测工件表面和近表面较小的缺陷,不适合检测浅而宽的缺陷。

一、实验目的

(1)了解磁粉检测的基本原理;

(2)掌握磁粉检测的一般方法和检测步骤。

二、实验原理

1. 磁粉检测的适用范围

该方法局限于能显著磁化的磁性材料及由其制作的工件表面与近表面缺陷。

2. 漏磁场

被磁化物体内部的磁力线在缺陷或磁路截面发生突变的部位,离开或进入物体表面所形成的磁场,漏磁场的成因在于磁导率的突变。设想一被磁化的工件上存在缺陷,由于缺陷内物质的磁导率一般远低于铁磁性材料的磁导率,因而造成缺陷附近磁力线的弯曲和压缩。如果该缺陷位于工件的表面或近表面,则部分磁力线就会在缺陷处溢出工件表面进入空气,绕过缺陷后再折回工件,由此形成缺陷的漏磁场。

3. 漏磁场与磁粉的相互作用

磁粉检测的基础是缺陷的漏磁场与外加磁粉的磁相互作用,以及通过磁粉的聚集来显示被检工件表面上出现的漏磁场,再根据磁粉聚集形成的磁痕的形状和位置分析漏磁场的成因和评价缺陷。设在被检工件表面上有漏磁场存在。如果在漏磁场处撒上磁导率很高的磁粉,因为磁力线穿过磁粉比穿过空气更容易,所以磁粉会被该漏磁场吸附,被磁化的磁粉沿缺陷漏磁场的磁力线排列。在漏磁场力的作用下,磁粉向磁力线最密集处移动,最终被吸附在缺陷上。由于缺陷的漏磁场有比实际缺陷本身大数十倍的宽度,故而磁粉被吸附后形成的磁痕能够放大缺陷。通过分析磁痕评价缺陷,即是磁粉检测的基本原理。

三、实验设备及仪器

多用磁粉探伤仪主机(CDX-Ⅰ);A型探头;O型探头;磁膏;喷水壶;实验用工件;砂纸或打磨机;放大镜;手电筒及备用电池。

四、实验步骤

班级以组为单位选择学院锅炉为测量对象。具体的检测过程如下所述。

（1）工件表面预处理：采用打磨机或砂纸清除掉工件表面的防锈漆，使待检工件表面平整光滑，以使探头能和工件表面良好接触。

（2）将电源电缆的插头插入仪器电源插座，将电缆的单相头插入电网配电板。

（3）将磁膏充分溶化于适量水中，并搅拌均匀，形成磁性溶液，装入喷洒壶待用。

（4）使探头和被检工件表面接触良好，用喷水壶向两磁头间喷洒少许磁性溶液，按下"充磁"按钮，充磁指示灯亮，表示工件正在磁化。

（5）沿工件表面拖动探头，重复上述方法，行进一段距离后，用放大镜在已检工件表面仔细检查，寻找是否有磁痕堆积，从而评判缺陷是否存在。

五、实验结果

沿工件表面拖动探头，重复上述方法，行进一段距离后，在放大镜及手电筒的帮助下，在已检工件表面仔细检查，寻找是否有磁痕堆积，从而评判缺陷是否存在，若怀疑有缺陷的地方，应对表面进行清洁，然后重新检测多次。

六、注意事项

（1）工件表面必须清理干净，务必无毛刺、无锈斑、光滑平整，保证工件和探头接触良好。

（2）磁膏应溶解充分。

（3）磁痕检查必须仔细，防止错判、漏判或误判。

七、思考题

（1）磁粉检查的基本原理是什么？

（2）影响磁粉检查灵敏度的因素有哪些？

12.4　金属压力容器腐蚀缺陷声发射检测

材料中局域源快速释放能量产生瞬态弹性波的现象称为声发射（Acoustic Emission，AE），有时也称为应力波发射。材料在应力作用下的变形与裂纹扩展，是结构失效的重要机制。这种直接与变形和断裂机制有关的源，被称为声发射源。近年来，流体泄漏、摩擦、撞击、燃烧等与变形和断裂机制无直接关系的另一类弹性波源，被称为其他或二次声发射源。

声发射是一种常见的物理现象，各种材料声发射信号的频率范围很宽，从几赫兹的次声频、20 Hz～20 kHz 的声频到数兆赫兹的超声频；声发射信号幅度的变化范围也很大，从 10 m 的微观位错运动到 1 m 量级的地震波。如果声发射释放的应变能足够大，就可产生人耳听得见的声音。大多数材料变形和断裂时有声发射发生，但许多材料的声发射信号强度很弱，人耳不能直接听见，需要借助灵敏的电子仪器才能检测出来。用仪器探测、记录、分析声发射信号和利用声发射信号推断声发射源的技术称为声发射技术，人们将声发射仪器形象地称为材料的听诊器。

一般来说，弹性波因为裂纹或缺陷能够以声发射波的形式被探测到，声发射波可以从材料的内部传播到材料的表面，然后被固定在材料表面的声发射传感器检测到。虽然最新的

AE 设备是全数字型的,但声发射检测系统仍以模拟类型为主。

一、实验目的

(1)熟悉声发射检测仪的使用方法;
(2)了解金属压力容器声发射检测标准;
(3)掌握金属压力容器的检测流程;
(4)通过本实验学会评价金属压力容器的完整性。

二、实验仪器

PAC 公司多通道声发射检测仪一台;声发射传感器;稳压电源一台;声发射信号传输线;耦合剂及传感器固定用具。

三、实验原理

在金属压力容器升压过程中,金属压力容器表面和内部缺陷(被腐蚀的地方)产生的声发射源比较活跃,并产生大量的声发射信号。在被检容器表面布置声发射传感器,接收来自活跃缺陷部位的声波并转换成电信号,经过声发射仪系统的鉴别、处理、显示、记录和分析声发射源的位置及声发射特性参数并根据相关标准评价金属压力容器的完整性。

四、实验步骤

(1)校准:用模拟源校准检测灵敏度。采用 0.5 mm、硬度为 HB 的铅笔芯折断信号作为模拟源。铅芯伸出长度约为 2.5 mm,与容器表面夹角为 30°左右。其响应幅度值应取 3 次以上响应平均值。

(2)时间参数的设置:用断铅实验来测定实际的峰值鉴别时间(PDT)、撞击鉴别时间(HDT)、撞击闭锁时间。

(3)门槛值的确定:用逐步提高门槛值的方法来确定实际测量中的门槛值。

(4)根据压力容器的形状布置传感器阵列。

(5)对压力容器进行加压。根据有关规范确定最高实验压力和加压程序。升压速度一般不应大于 0.5 MPa/min。保压时间一般应不小于 10 min。

(6)采集与记录数据。

五、实验报告要求

(1)记录容器名称、类别、公称壁厚、主体材质。
(2)记录所有校准数据和仪器测定的声发射信号参数,记录内容至少应包括:
①传感器的技术条件(型号、灵敏度、频率范围、固定方法、耦合剂);
②传感器布置阵列和位置草图;
③声发射仪器型号和特性;
④每次校准的时间、步骤和结果。
(3)对实验数据进行分析和处理。

六、思考题

阵列的形状对金属压力容器缺陷检测精度有无影响?

12.5 混凝土板内部的缺陷声发射检测

一、实验目的

(1)熟悉声发射检测仪的使用方法;
(2)了解混凝土结构缺陷检测相关标准;
(3)掌握混凝土结构缺陷检测流程;
(4)通过实验掌握确定混凝土板内部缺陷位置的方法。

二、实验仪器

多通道声发射检测仪一台;声发射传感器;稳压电源一台;声发射信号传输线;钢刷、卷尺、粉笔、多相插座;耦合剂及传感器固定用具。

三、实验原理

混凝土缺陷,系指破坏混凝土结构的连续性和完整性,并在一定程度上降低混凝土的强度和耐久性的不密实区、孔洞、裂缝或夹杂泥沙、杂物等。当混凝土板受到压力时这些缺陷会扩展成裂缝甚至断裂。在此过程中会产生大量的声发射信号,在混凝土板表面布置声发射传感器,接收来自缺陷部位的声波并转换成电信号,经过声发射仪系统的鉴别、处理、显示、记录和分析声发射源的位置及声发射特性参数并根据相关标准评价混凝土结构健康状况。

四、实验内容

(1)校准:用模拟源校准检测灵敏度。采用 0.5 mm、硬度为 HB 的铅笔芯折断信号作为模拟源。铅芯伸出长度约为 2.5 mm,与混凝土板表面夹角为 30°左右。其响应幅度值应取 3 次以上响应平均值。

(2)时间参数的设置:用断铅实验来测定实际的峰值鉴别时间(PDT)、撞击鉴别时间(HDT)、撞击闭锁时间。

(3)门槛值的确定:用逐步提高门槛值的方法来确定实际测量中的门槛值。

(4)测定声发射信号在混凝土板中的传播速度。

(5)根据混凝土板的形状布置传感器阵列。

(6)对混凝土板进行加压。利用加载设备依据相关规范对混凝土结构进行加载。

(7)采集与记录数据。

五、实验报告要求

(1)记录混凝土板的长宽、厚度及各混合物质的比例。

（2）记录所有校准数据和仪器测定的声发射信号参数,记录内容至少应包括：

①传感器的技术条件（型号、灵敏度、频率范围、固定方法、耦合剂）；

②传感器布置阵列和位置草图；

③声发射仪器型号和特性；

④每次校准的时间、步骤和结果。

（3）对混凝土板中声发射信号的时频特性进行分析并给出时频图。

（4）对实验数据进行分析和处理。

六、实验思考题

（1）耦合剂的作用是什么？

（2）混凝土结构缺陷定位的精度受哪些因素的影响？

附　录

附录1　工作场所化学因素的职业接触限值

1. 范围

《工作场所有害因素职业接触限值 第1部分:化学有害因素》(GBZ 2.1—2019)规定了工作场所职业接触化学有害因素的卫生要求、检测评价及控制原则。适用于工业企业卫生设计以及工作场所化学有害因素职业接触的管理、控制和职业卫生监督检查等。本附录根据安全检测实验需求择取部分内容以便参考。

2. 术语、定义和缩略语

2.1　化学有害因素(chemical hazardous agents)

本部分所称化学有害因素包括工作场所存在或产生的化学物质、粉尘及生物因素。

2.2　职业接触(occupational exposure)

劳动者在职业活动中通过呼吸道、皮肤黏膜等与职业性有害因素之间接触的过程。

2.3　不良健康效应(adverse health effects)

机体因接触职业性有害因素而产生或出现的有害健康效应或毒作用效应。只有达到一定水平的接触,即过量的接触才会引起健康损害。

2.4　临界不良健康效应(critical adverse health effects)

用于确定某种职业性有害因素容许接触浓度大小,即职业接触限值时所依据的不良健康效应。

2.5　职业接触限值(occupational exposure limits,OELs)

劳动者在职业活动过程中长期反复接触某种或多种职业性有害因素,不会引起绝大多数接触者不良健康效应的容许接触水平。化学有害因素的职业接触限值分为时间加权平均容许浓度、短时间接触容许浓度和最高容许浓度3类。

2.5.1

时间加权平均容许浓度(permissible concentration-time weighted average,PC-TWA)

以时间为权数规定的8 h工作日、40 h工作周的平均容许接触浓度。

2.5.2

短时间接触容许浓度(permissible concentration-short term exposure limit,PC-STEL)

在实际测得的 8 h 工作日、40 h 工作周平均接触浓度遵守 PC-TWA 的前提下,容许劳动者短时间(15 min)接触的加权平均浓度。

2.5.3

最高容许浓度(maximum allowable concentration,MAC)

在一个工作日内任何时间、工作地点的化学有害因素均不应超过的浓度。

2.6 峰接触浓度(peak exposures,PE)

在最短的可分析的时间段内(不超过 15 min)确定的空气中特定物质的最大或峰值浓度。对于接触具有 PC-TWA 但尚未制定 PC-STEL 的化学有害因素,应使用峰接触浓度控制短时间的接触。在遵守 PC-TWA 的前提下,容许在一个工作日内发生的任何一次短时间(15 min)超出 PC-TWA 水平的最大接触浓度。

2.7 接触水平(exposure level)

应用标准检测方法检测得到的劳动者在职业活动中特定时间段内实际接触工作场所职业性有害因素的浓度或强度。

2.8 职业接触限值比值(ratio of occupational exposure level to OELs)

劳动者接触某种职业性有害因素的实际接触水平与该因素相应职业接触限值的比值。

当劳动者接触两种以上化学有害因素时,每一种化学有害因素的实际测量值与其对应职业接触限值的比值之和,称为混合接触比值(ratio of mixed exposure)。

2.9 行动水平(action level)

劳动者实际接触化学有害因素的水平已经达到需要用人单位采取职业接触监测、职业健康监护、职业卫生培训、职业病危害告知等控制措施或行动的水平,也称为管理水平(administration level)或管理浓度(administration concentration)。

化学有害因素的行动水平,根据工作场所环境、接触的有害因素的不同而有所不同,一般为该因素容许浓度的一半。

2.10 生物监测(biological monitoring)

系统地对劳动者的血液、尿等生物材料中的化学物质或其代谢产物的含量(浓度),或由其所致的无害生物效应水平进行的系统监测,目的是评价劳动者接触化学有害因素的程度及其可能的健康影响。

2.11 生物接触限值(biological exposure limits,BELs)

针对劳动者生物材料中的化学物质或其代谢产物,或引起的生物效应等推荐的最高容许量值,也是评估生物监测结果的指导值。每周 5 d 工作、每天 8 h 接触,当生物监测值在其推荐值范围以内时,绝大多数的劳动者将不会受到不良的健康影响。又称生物接触指数(Biological Exposure Indices,BEIs)或生物限值(biological limit values,BLVs)。

3. 工作场所空气中化学有害因素的职业接触限值

工作场所空气中化学有害因素的职业接触限值见附表 1-1。

附表 1-1　工作场所空气中化学有害因素职业接触限值

序号	中文名	OELs/(mg·m⁻³)			临界不良健康效应	备注
		MAC	PC-TWA	PC-STEL		
1	安妥	—	0.3	—	甲状腺效应;恶心	—
2	氨	—	20	30	眼和上呼吸道刺激	—
3	2-氨基吡啶	—	2	—	中枢神经系统损伤;皮肤、黏膜刺激	皮
4	氨基磺酸铵	—	6	—	呼吸道、眼及皮肤刺激	—
5	氨基氰	—	2	—	眼和呼吸道刺激;皮肤刺激	—
6	奥克托今	—	2	4	眼刺激	—
7	巴豆醛(丁烯醛)	12	—	—	眼和呼吸道刺激;慢性鼻炎;神经功能障碍	—
8	百草枯	—	0.5	—	呼吸系统损害;皮肤、黏膜刺激	—
9	百菌清	1	—	—	皮肤刺激、致敏;眼和呼吸道刺激	G2B,敏
10	钡及其可溶性化合物(按Ba计)	—	0.5	1.5	消化道刺激;低血钾	—
11	倍硫磷	—	0.2	0.3	胆碱酯酶抑制	皮
12	苯	—	6	10	头晕、头痛、意识障碍;全血细胞减少;再障;白血病	皮,G1
13	苯胺	—	3	—	高铁血红蛋白血症	皮
14	苯基醚(二苯醚)	—	7	14	上呼吸道和眼刺激	—
15	苯醌	—	0.45	—	眼、皮肤刺激	—
16	苯硫磷	—	0.5	—	胆碱酯酶抑制	皮
17	苯乙烯	—	50	100	眼、上呼吸道刺激;神经衰弱;周围神经症状	皮,G2B
18	吡啶	—	4	—	眼、呼吸道、皮肤刺激;神经衰弱及植物神经紊乱;肝、肾损害	—
19	苄基氯	5	—	—	呼吸道炎症;皮肤、上呼吸道和眼刺激;肝肾损害	G2A
20	丙酸	—	30	—	眼、皮肤和呼吸道刺激	—

续表

序号	中文名	OELs/(mg·m⁻³)			临界不良健康效应	备注
		MAC	PC-TWA	PC-STEL		
21	丙酮	—	300	450	呼吸道和眼刺激;麻醉;中枢神经系统损害	—
22	丙酮氰醇（按 CN 计）	3	—	—	呼吸道刺激;头痛;缺氧/紫绀	皮
23	丙烯醇	—	2	3	眼和上呼吸道刺激	皮
24	丙烯腈	—	1	2	中枢神经系统损害;下呼吸道刺激	皮,G2B
25	丙烯菊酯	—	5	—	皮肤刺激;神经系统损害	—
26	丙烯醛	0.3	—	—	眼和上呼吸道刺激;肺水肿;肺气肿	皮
27	丙烯酸	—	6	—	皮肤、眼及呼吸道刺激	皮
28	丙烯酸甲酯	—	20	—	眼、皮肤和呼吸道刺激;皮肤损害及过敏	皮,敏
29	丙烯酸正丁酯	—	25	—	皮肤、眼和呼吸道刺激;麻醉	敏
30	丙烯酰胺	—	0.3	—	中枢神经系统损害;周围神经系统损害	皮,G2A
31	草甘膦	—	5	—	肝、肾功能损伤	G2A
32	草酸	—	1	2	呼吸道、眼和皮肤刺激	—
33	抽余油（60~220 ℃）	—	300	—	麻醉;眼、皮肤和呼吸道黏膜刺激;神经系统功能障碍;肝、肾、血液系统改变	—
34	重氮甲烷	—	0.35	0.7	呼吸道刺激;中枢神经系统抑制	—
35	臭氧	0.3	—	—	刺激	—
36	O,O-二甲基-S-（甲基氨基甲酰甲基）二硫代磷酸酯(乐果)	—	1	—	胆碱酯酶抑制	皮
37	O,O-二甲基-(2,2,2-三氯-1-羟基乙基)磷酸酯(敌百虫)	—	0.5	1	胆碱酯酶抑制	—

续表

序号	中文名	OELs/（mg·m⁻³）			临界不良健康效应	备注
		MAC	PC-TWA	PC-STEL		
38	N-3,4-二氯苯基-N′,N′-二甲基脲（敌草隆）	—	10	—	呼吸道、眼、皮肤刺激；贫血	—
39	2,4-二氯苯氧基乙酸（2,4-滴）	—	10	—	甲状腺效应、肾小管损伤	皮,G2B
40	二氯二苯基三氯乙烷（滴滴涕,DDT）	—	0.2	—	神经系统损害；肝肾损害；呼吸道、皮肤及眼刺激	G2A
41	碲及其化合物（不含碲化氢）（按 Te 计）	—	0.1	—	中枢神经系统损伤、肝损伤	—
42	碲化铋（按 Bi₂Te₃ 计）	—	5	—	呼吸道、眼、皮肤刺激；肝肾影响；贫血	—
43	碘	1	—	—	眼、上呼吸道和皮肤刺激	—
44	碘仿	—	10	—	中枢神经系统损害；眼、呼吸道刺激	—
45	碘甲烷	—	10	—	眼刺激；中枢神经系统损害	皮
46	叠氮酸蒸气	0.2	—	—	鼻、眼刺激；低血压	—
47	叠氮化钠	0.3	—	—	心脏损害；肺损伤	—
48	1,3-丁二烯	—	5	—	眼和呼吸道刺激；麻醉；神经衰弱；皮肤灼伤或冻伤	G1
49	2-丁氧基乙醇	—	97	—	刺激	—
50	丁烯	—	100	—	窒息、弱麻醉和弱刺激作用。液态丁烯皮肤冻伤	—
51	毒死蜱	—	0.2	—	胆碱酯酶抑制	皮
52	对苯二胺	—	0.1	—	皮肤致敏、呼吸系统损伤	皮,敏
53	对苯二甲酸	—	8	15	眼、皮肤、黏膜和上呼吸道刺激	—
54	对二氯苯	—	30	60	眼、皮肤、上呼吸道刺激；肝损害	G2B
55	对硫磷	—	0.05	0.1	胆碱酯酶抑制	皮,G2B
56	对特丁基甲苯	—	6	—	眼、上呼吸道刺激	—

续表

序号	中文名	OELs/(mg·m⁻³)			临界不良健康效应	备注
		MAC	PC-TWA	PC-STEL		
57	对硝基苯胺	—	3	—	高铁血红蛋白血症;肝损害	皮
58	对硝基氯苯	—	0.6	—	皮肤致敏、皮炎;过敏性哮喘;肝损害	皮
59	多次甲基多苯基多异氰酸酯	—	0.3	0.5	皮肤、眼、呼吸道刺激;变态反应、哮喘	敏
60	二苯胺	—	10	—	上呼吸道、皮肤刺激;高铁血红蛋白血症;肝肾损害	—
61	二苯基甲烷二异氰酸酯	—	0.05	0.1	眼、上呼吸道刺激;哮喘	敏
62	二丙二醇甲醚（2-甲氧基甲乙氧基丙醇）	—	600	900	轻度麻醉;中枢神经系统抑制	皮
63	二丙酮醇	—	240	—	眼、鼻、喉黏膜刺激;皮肤刺激	—
64	2-N-二丁氨基乙醇	—	4	—	眼和上呼吸道刺激;眼或皮肤灼伤	皮
65	二恶烷	—	70	—	上呼吸道和眼刺激;肝损害	皮,G2B
66	二恶英类化合物	—	30 pgTEQ/m³	—	致癌	G1
67	二氟氯甲烷	—	3 500	—	中枢神经系统损害;心血管系统影响	—
68	二甲胺	—	5	10	眼、上呼吸道刺激;皮肤灼伤	—
69	二甲苯（全部异构体）	—	50	100	呼吸道和眼刺激;中枢神经系统损害	—
70	N,N-二甲基苯胺	—	5	10	高铁血红蛋白血症	皮
71	1,3-二甲基丁基乙酸酯(仲-乙酸己酯)	—	300	—	眼、上呼吸道刺激;中枢神经系统抑制	—
72	二甲基二氯硅烷	2	—	—	呼吸道、眼及皮肤、黏膜强刺激	—
73	二甲基甲酰胺	—	20	—	眼和上呼吸道刺激;肝损害	皮,G2A
74	3,3-二甲基联苯胺	0.02	—	—	眼和呼吸道刺激	皮,G2B
75	二甲基亚砜	—	160	—	皮肤、黏膜刺激	皮

序号	中文名	OELs/（mg·m^{-3}）			临界不良健康效应	备注
		MAC	PC-TWA	PC-STEL		
76	二甲基乙酰胺	—	20	—	致幻；呼吸道、皮肤刺激；神经衰弱	皮
77	二甲氧基甲烷	—	3 100	—	眼、黏膜刺激	—
78	二聚环戊二烯	—	25	—	呼吸道和眼刺激；神经系统症状	—
79	二硫化碳	—	5	10	眼及鼻黏膜刺激；周围神经系统损害	皮
80	1,1-二氯-1-硝基乙烷	—	12	—	上呼吸道刺激	—
81	1,3-二氯丙醇	—	5	—	眼、黏膜、皮肤强刺激；呼吸道损害、中枢神经系统抑制；麻醉；溶血	皮；G2B
82	1,2-二氯丙烷	—	350	500	眼、皮肤、黏膜和呼吸道刺激；中枢神经系统抑制；肝肾损害	G1
83	1,3-二氯丙烯	—	4	—	上呼吸道、眼、皮肤刺激；肝肾损害	皮，G2B
84	二氯二氟甲烷	—	5 000	—	眼及上呼吸道刺激；心脏毒性；液体接触皮肤灼伤	—
85	二氯甲烷	—	200	—	碳氧血红蛋白血症；周围神经系统损害	G2A
86	二氯乙炔	0.4	—	—	眼和上呼吸道刺激；意识障碍及肝肾损害	—
87	1,2-二氯乙烷	—	7	15	中枢神经系统抑制；眼、呼吸道刺激；肺水肿；胃肠道刺激；肝肾损害	G2B
88	1,2-二氯乙烯（全部异构体）	—	800	—	中枢神经系统损害；眼及上呼吸道刺激	—
89	二硼烷	—	0.1	—	上呼吸道和眼刺激；头痛	—
90	二缩水甘油醚	—	0.5	—	眼和呼吸道刺激；麻醉作用	—
91	二硝基苯（全部异构体）	—	1	—	高铁血红蛋白血症；眼损害	皮

续表

序号	中文名	OELs/(mg·m⁻³)			临界不良健康效应	备注
		MAC	PC-TWA	PC-STEL		
92	二硝基甲苯	—	0.2	—	高铁血红蛋白血症;生殖毒性	G2B(2,4-;2,6-),皮
93	4,6-二硝基邻甲酚	—	0.2	—	基础代谢亢进;高热	皮
94	2,4-二硝基氯苯	—	0.6	—	皮肤致敏;皮炎;支气管哮喘;肝损害	皮,敏
95	氮氧化物(一氧化氮和二氧化氮)	—	5	10	呼吸道刺激	—
96	二氧化硫	—	5	10	呼吸道刺激	—
97	二氧化氯	—	0.3	0.8	呼吸道刺激;慢性支气管炎	—
98	二氧化碳	—	9 000	18 000	呼吸中枢、中枢神经系统作用;窒息	—
99	二氧化锡(按Sn计)	—	2	—	金属烟热;肺锡尘沉着症;皮炎	—
100	2-二乙氨基乙醇	—	50	—	眼、皮肤、呼吸道刺激	皮
101	二乙烯三胺	—	4	—	眼、皮肤、呼吸道刺激;哮喘;眼灼伤	皮
102	二乙基甲酮	—	700	900	眼、呼吸道刺激;麻醉作用	—
103	二乙烯基苯	—	50	—	眼、呼吸道黏膜刺激;麻醉作用	—
104	二异丁基甲酮	—	145	—	刺激、麻醉作用	—
105	甲苯-2,4-二异氰酸酯(TDI)	—	0.1	0.2	黏膜刺激和致敏作用;哮喘、皮炎	敏
106	二月桂酸二丁基锡	—	0.1	0.2	肝胆损害;皮肤黏膜刺激;接触性皮炎	皮
107	钒及其化合物(按V计)	—	—	—	—	—
	五氧化二钒烟尘	—	0.05	—	呼吸系统损害	G2B
	钒铁合金尘	—	1	—	肝、肾损害;血液学毒性	—
108	酚	—	10	—	皮肤和黏膜强刺激;肝肾损害;溶血	皮

序号	中文名	OELs/(mg·m⁻³)			临界不良健康效应	备注
		MAC	PC-TWA	PC-STEL		
109	呋喃	—	0.5	—	麻醉、中枢神经系统抑制;黏膜刺激、皮炎、肝、肾损害	G2B
110	氟化氢(按F计)	2	—	—	呼吸道、皮肤和眼刺激;肺水肿;皮肤灼伤;牙齿酸蚀症	—
111	氟及其化合物(不含氟化氢)(按F计)	—	2	—	眼和上呼吸道刺激;骨损害;氟中毒	—
112	锆及其化合物(按Zr计)	—	5	10	局部刺激;皮疹;肺肉芽肿	—
113	镉及其化合物(按Cd计)	—	0.01	0.02	肾损害	G1
114	汞-金属汞(蒸气)	—	0.02	0.04	肾损害	皮
115	汞-有机汞化合物(按Hg计)	—	0.01	0.03	中枢神经系统损害;肾损害	皮,G2B(甲基汞)
116	钴及其化合物(按Co计)	—	0.05	0.1	上呼吸道刺激;皮肤黏膜损害;哮喘	G2B;敏
117	过氧化苯甲酰	—	5	—	上呼吸道刺激;皮肤刺激和致敏	—
118	过氧化甲乙酮	1.5	—	—	上呼吸道、眼和皮肤损害	皮
119	过氧化氢	—	1.5	—	上呼吸道和皮肤刺激;眼损伤	—
120	环己胺	—	10	20	上呼吸道和眼刺激;中枢神经系统兴奋	—
121	环己醇	—	100	—	眼及上呼吸道刺激;中枢神经系统损害	皮
122	环己酮	—	50	—	眼和上呼吸道刺激;中枢神经系统抑制;麻醉作用	皮
123	环己烷	—	250	—	眼、上呼吸道刺激;中枢神经系统损害;麻醉作用	—
124	环三次甲基三硝胺(黑索金)	—	1.5	—	肝损害	皮
125	环氧丙烷	—	5	—	眼和上呼吸道刺激	G2B
126	环氧氯丙烷	—	1	2	上呼吸道刺激;周围神经损害	皮,G2A

续表

序号	中文名	OELs/(mg·m⁻³)			临界不良健康效应	备注
		MAC	PC-TWA	PC-STEL		
127	环氧乙烷	—	2	—	皮肤、呼吸道、黏膜刺激;中枢神经系统损害	G1,皮
128	黄磷	—	0.05	0.1	眼及呼吸道刺激;吸入性损伤;肝损害	—
129	邻-茴香胺对-茴香胺	—	0.5	—	高铁血红蛋白血症;神经衰弱和植物神经紊乱	G2B;皮(o-)
130	己二醇	100	—	—	眼和上呼吸道刺激;麻醉	—
131	1,6-己二异氰酸酯	—	0.03	—	眼及上呼吸道刺激;呼吸系统致敏	敏
132	己内酰胺	—	5	—	眼、皮肤、上呼吸道刺激	—
133	2-己酮(甲基正丁基甲酮)	—	20	40	眼、鼻刺激;麻醉;周围神经病	皮
134	甲胺	—	5	10	眼、皮肤和上呼吸道刺激	—
135	甲拌磷	0.01	—	—	胆碱酯酶抑制	皮
136	甲苯	—	50	100	麻醉作用;皮肤黏膜刺激	皮
137	N-甲苯胺O-甲苯胺	—	2	—	高铁血红蛋白血症;中枢神经系统及肝、肾损害;神经衰弱	皮;G1(o-)
138	甲醇	—	25	50	麻醉作用和眼、上呼吸道刺激;眼损害	皮
139	甲酚(全部异构体)	—	10	—	眼、皮肤和上呼吸道刺激	皮
140	甲基丙烯腈	—	3	—	中枢神经系统损害;眼和皮肤刺激	皮
141	甲基丙烯酸	—	70	—	皮肤和眼刺激	—
142	甲基丙烯酸甲酯	—	100	—	眼、上呼吸道、皮肤刺激;肺功能改变	敏
143	甲基丙烯酸缩水甘油酯	5	—	—	上呼吸道、眼和皮肤刺激	—
144	甲基肼	0.08	—	—	上呼吸道刺激;眼刺激;肝损害	皮
145	甲基内吸磷	—	0.2	—	胆碱酯酶抑制	皮
146	18-甲基炔诺酮(炔诺孕酮)	—	0.5	2	类早孕反应及不规则出血;影响泌乳	—

续表

序号	中文名	OELs/（mg·m⁻³）			临界不良健康效应	备注
		MAC	PC-TWA	PC-STEL		
147	甲基叔丁基醚	—	180	270	黏膜刺激；肝、肾损害	—
148	甲硫醇	—	1	—	肝损害	—
149	甲醛	0.5	—	—	上呼吸道和眼刺激	敏,G1
150	甲酸	—	10	20	上呼吸道、眼和皮肤刺激	—
151	甲乙酮(2-丁酮)	—	300	600	眼、呼吸道刺激	—
152	2-甲氧基乙醇	—	15	—	血液学效应；生殖效应	皮
153	2-甲氧基乙基乙酸酯	—	20	—	眼、黏膜和呼吸道刺激；血液学效应、生殖效应	皮
154	甲氧氯	—	10	—	肝损害；中枢神经系统损害	—
155	间苯二酚	—	20	—	眼和皮肤刺激	—
156	焦炉逸散物（按苯溶物计）	—	0.1	—	肺癌	G1
157	肼	—	0.06	0.13	上呼吸道癌	皮,G2A
158	久效磷	—	0.1	—	胆碱酯酶抑制	皮
159	糠醇	—	40	60	上呼吸道和眼刺激	皮
160	糠醛	—	5	—	上呼吸道和眼刺激	皮
161	可的松	—	1	—	抑制炎症反应和免疫反应	—
162	苦味酸(2,4,6-三硝基苯酚)	—	0.1	—	皮肤致敏、皮炎；眼刺激	—
163	癸硼烷	—	0.25	0.75	肺损伤；心力减退；中枢神经系统中毒；肝肾损害；皮肤黏膜刺激	皮
164	联苯	—	1.5	—	肺功能改变	—
165	邻苯二甲酸二丁酯	—	2.5	—	睾丸损害；眼和上呼吸道刺激	—
166	邻苯二甲酸酐	1	—	—	上呼吸道、眼和皮肤刺激	敏
167	邻二氯苯	—	50	100	上呼吸道和眼刺激；肝损害	—
168	邻氯苯乙烯	—	250	400	中枢神经系统损害；周围神经病	—
169	邻氯苄叉丙二腈	0.4	—	—	上呼吸道刺激；皮肤致敏	皮

续表

序号	中文名	OELs/(mg·m⁻³)			临界不良健康效应	备注
		MAC	PC-TWA	PC-STEL		
170	邻仲丁基苯酚	—	30	—	上呼吸道、眼和皮肤刺激	皮
171	磷胺	—	0.02	—	剧毒;皮肤、眼刺激	皮
172	磷化氢	0.3	—	—	上呼吸道刺激;头痛;胃肠道刺激;中枢神经系统损害	—
173	磷酸	—	1	3	上呼吸道、眼和皮肤刺激	—
174	磷酸二丁基苯酯	—	3.5	—	胆碱酯酶抑制;上呼吸道刺激	皮
175	硫化氢	10	—	—	神经毒性;强烈黏膜刺激	—
176	硫酸钡(按 Ba 计)	—	10	—	机械刺激炎症反应;肺沉着症	—
177	硫酸二甲酯	—	0.5	—	眼和皮肤刺激	皮,G2A
178	硫酸及三氧化硫	—	1	2	肺功能改变	G1
179	硫酰氟	—	20	40	中枢神经系统损害;眼、皮肤、黏膜刺激	—
180	六氟丙酮	—	0.5	—	睾丸损害;肾损害	皮
181	六氟丙烯	—	4	—	肝肾及肺损害	—
182	六氟化硫	—	6 000	—	窒息	—
183	六六六(六氯环己烷)	—	0.3	0.5	胆碱酯酶抑制;慢性中毒全身症状;黏膜、皮肤刺激	G2B
184	γ-六六六(γ-六氯环己烷)	—	0.05	0.1	胃肠不适、接触性皮炎、神经衰弱、末梢神经病及肝肾损害	皮,G1
185	六氯丁二烯	—	0.2	—	肾损害	皮
186	六氯环戊二烯	—	0.1	—	上呼吸道刺激	—
187	六氯萘	—	0.2	—	肝损害;氯痤疮	皮
188	六氯乙烷	—	10	—	肝、肾损害	皮,G2B
189	氯	1	—	—	上呼吸道和眼刺激	—
190	氯苯	—	50	—	肝损害	—
191	氯丙酮	4	—	—	眼和上呼吸道刺激	皮
192	氯丙烯	—	2	4	眼和上呼吸道刺激;肝、肾损害	—
193	β-氯丁二烯	—	4	—	上呼吸道和眼刺激	皮,G2B

序号	中文名	OELs/(mg · m^{-3})			临界不良健康效应	备注
		MAC	PC-TWA	PC-STEL		
194	氯化铵烟	—	10	20	眼和上呼吸道刺激	—
195	氯化汞(升汞)	—	0.025	—	中枢神经系统和周围神经系统损害;肾损害	—
196	氯化苦	1	—	—	眼刺激;肺水肿	—
197	氯化氢及盐酸	7.5	—	—	上呼吸道刺激	—
198	氯化氰	0.75	—	—	肺水肿;眼、皮肤和呼吸道刺激	—
199	氯化锌烟	—	1	2	呼吸道刺激	—
200	氯甲醚	0.005	—	—	肺癌	G1
201	氯甲烷	—	60	120	中枢神经系统损害;肝、肾损害;睾丸损害;致畸	皮
202	氯联苯(54%氯)	—	0.5	—	上呼吸道刺激;肝损害;氯痤疮	皮,G2A
203	氯萘	—	0.5	—	氯痤疮;中毒性肝炎	皮
204	氯乙醇	2	—	—	眼、上呼吸道刺激;中枢神经系统影响;皮肤红斑;脑、肺水肿;慢性影响全身症状、血压降低和消瘦等	皮
205	氯乙醛	3	—	—	上呼吸道和眼刺激	—
206	氯乙酸	2	—	—	上呼吸道刺激;心、肺、肝、肾及中枢神经损害;眼刺激或角膜灼伤、皮肤灼伤	皮
207	氯乙烯	—	10	—	肝血管肉瘤;麻醉;昏迷、抽搐;皮肤损害;神经衰弱、肝损伤、消化功能障碍、肢端溶骨症	G1
208	a-氯乙酰苯	—	0.3	—	眼、呼吸道和皮肤刺激	—
209	氯乙酰氯	—	0.2	0.6	上呼吸道刺激	皮
210	马拉硫磷	—	2	—	胆碱酯酶抑制;上呼吸道刺激	皮,G2A
211	马来酸酐	—	1	2	眼、上呼吸道和皮肤刺激	敏
212	吗啉	—	60	—	眼损害;上呼吸道刺激;支气管炎、肺炎、肺水肿;皮肤灼伤	皮
213	煤焦油沥青挥发物(按苯溶物计)	—	0.2	—	肺癌	G1

续表

序号	中文名	OELs/(mg·m⁻³)			临界不良健康效应	备注
		MAC	PC-TWA	PC-STEL		
214	锰及其无机化合物（按 MnO_2 计）	—	0.15	—	中枢神经系统损害	—
215	钼及其化合物（按 Mo 计）	—	—	—	—	—
	钼，不溶性化合物	—	6	—	—	—
	钼，可溶性化合物	—	4	—	下呼吸道刺激	—
216	内吸磷	—	0.05	—	胆碱酯酶抑制	皮
217	萘	—	50	75	溶血性贫血；肝、肾损害；上呼吸道和眼刺激	皮，G2B
218	2-萘酚	—	0.25	0.5	皮肤强刺激；血液循环和肾损害；眼角膜损伤；接触性皮炎	—
219	萘烷	—	60	—	皮肤黏膜刺激、麻醉作用；眼刺激；周围神经病；胃肠道影响	—
220	尿素	—	5	10	眼、皮肤和黏膜刺激	—
221	镍及其无机化合物（按 Ni 计）	—	—	—	皮炎；尘肺病；肺损害；鼻癌；肺癌	G1（镍化合物），敏
	金属镍与难溶性镍化合物	—	1	—	—	G2B（金属和合金）
	可溶性镍化合物	—	0.5	—	—	—
222	铍及其化合物（按 Be 计）	—	0.000 5	0.001	铍过敏、铍病、肺癌	皮；G1
223	偏二甲基肼	—	0.5	—	上呼吸道刺激；鼻癌	皮，G2B
224	铅及其无机化合物（按 Pb 计）	—	—	—	中枢神经系统损害；周围神经损害；血液学效应	G2B（铅），G2A（铅的无机化合物）
	铅尘	—	0.05	—	—	—
	铅烟	—	0.03	—	—	—
225	氢化锂	—	0.025	0.05	皮肤、眼和上呼吸道刺激	—
226	氢醌	—	1	2	眼损害、皮肤、黏膜腐蚀；中枢神经系统抑制；肝功能损害	—
227	氢氧化钾	2	—	—	上呼吸道、眼和皮肤刺激	—

序号	中文名	OELs/（mg·m^{-3}）			临界不良健康效应	备注
		MAC	PC-TWA	PC-STEL		
228	氢氧化钠	2	—	—	上呼吸道、眼和皮肤刺激	—
229	氢氧化铯	—	2	—	上呼吸道、皮肤和眼刺激	—
230	氰氨化钙	—	1	3	眼和上呼吸道刺激	—
231	氰化氢（按 CN 计）	1	—	—	上呼吸道刺激；头痛；恶心；甲状腺效应	皮
232	氰化物（按 CN 计）	1	—	—	上呼吸道刺激；头痛；恶心；甲状腺效应	皮
233	氰戊菊酯	—	0.05	—	皮肤、上呼吸道刺激；中枢神经和周围神经系统症状；眼、皮肤刺激	皮
234	全氟异丁烯	0.08	—	—	上呼吸道刺激；血液学效应	—
235	壬烷	—	500	—	中枢神经系统损害	—
236	溶剂汽油	—	300	—	上呼吸道和眼刺激；中枢神经系统损害	—
237	乳酸正丁酯	—	25	—	头痛；上呼吸道刺激	—
238	三氟化氯	0.4	—	—	眼和上呼吸道刺激；肺损害	—
239	三氟化硼	3	—	—	下呼吸道刺激；肺炎	—
240	三氟甲基次氟化物	0.2	—	—	—	—
241	三甲苯磷酸酯（全部异构体）	—	0.3	—	中毒性神经病	皮
242	三甲基氯化锡	0.025	—	—	低血钾；中枢神经系统损伤	皮
243	1,2,3-三氯丙烷	—	60	—	肝、肾损害．眼和上呼吸道刺激	皮，G2A
244	三氯化磷	—	1	2	上呼吸道、眼和皮肤刺激	—
245	三氯甲烷（氯仿）	—	20	—	肝损害；胚胎/胎儿损害；中枢神经系统损害	G2B
246	三氯硫磷	0.5	—	—	眼、皮肤、黏膜和呼吸道强烈刺激	—
247	三氯氢硅	3	—	—	眼和上呼吸道刺激	—
248	三氯氧磷	—	0.3	0.6	上呼吸道刺激	—

续表

序号	中文名	OELs/(mg·m⁻³)			临界不良健康效应	备注
		MAC	PC-TWA	PC-STEL		
249	三氯乙醛	3	—	—	皮肤、黏膜强烈刺激；接触性皮炎	G2A
250	1,1,1-三氯乙烷	—	900	—	中枢神经系统损害；心律不齐；皮肤轻度刺激	—
251	三氯乙烯	—	30	—	中枢神经系统损伤	G1，敏
252	三硝基甲苯	—	0.2	0.5	高铁血红蛋白血症；肝损害；白内障	皮
253	三溴甲烷	—	5	—	上呼吸道和眼部刺激；肝肾毒性	皮
254	三氧化铬、铬酸盐、重铬酸盐（按 Cr 计）	—	0.05	—	皮肤过敏和溃疡；鼻腔炎症、坏死；肺癌	G1；敏
255	三乙基氯化锡	—	0.05	0.1	头痛、全身症状、窦性心动过缓；皮肤、黏膜刺激；神经衰弱	皮
256	杀螟松	—	1	2	胆碱酯酶抑制	皮
257	杀鼠灵[3-(1-丙酮基苄基)-4-羟基香豆素；华法林]	—	0.1	—	抗凝血作用	—
258	砷化氢（胂）	0.03	—	—	强溶血作用；多发性神经炎	—
259	砷及其无机化合物（按 As 计）	—	0.01	0.02	肺癌、皮肤癌	G1
260	石蜡烟	—	2	4	上呼吸道刺激；恶心	—
261	十溴联苯醚	—	5	—	内分泌干扰；神经、生殖、肝毒性	—
262	石油沥青烟（按苯溶物计）	—	5	—	上呼吸道刺激和眼刺激	G2B
263	双（巯基乙酸）二辛基锡	—	0.1	0.2	皮肤致敏、中枢神经系统损害	—
264	双酚 A	—	5	—	生殖影响；内分泌损害	—
265	双硫醌	—	2	—	血管舒张；恶心	—
266	双氯甲醚	0.005	—	—	肺癌	G1

续表

序号	中文名	OELs/(mg · m^{-3})			临界不良健康效应	备注
		MAC	PC-TWA	PC-STEL		
267	四氯化碳	—	15	25	肝损害	皮,G2B
268	四氯乙烯	—	200	—	中枢神经系统损害	G2A
269	四氢呋喃	—	300	—	上呼吸道刺激;中枢神经系统损害;肾损害	—
270	四氢化硅	—	6.6	—	眼、皮肤、呼吸道刺激	—
271	四氢化锗	—	0.6	—	溶血;肾损害	—
272	四溴化碳	—	1.5	4	肝损害;眼、上呼吸道和皮肤刺激	—
273	四乙基铅（按 Pb 计）	—	0.02	—	中枢神经系统损害	皮
274	松节油	—	300	—	上呼吸道、皮肤刺激;中枢神经系统损害;肺损害	—
275	铊及其可溶性化合物（按 Tl 计）	—	0.05	0.1	胃肠损害;周围神经病	皮
276	钽及其氧化物（按 Ta 计）	—	5	—	上呼吸道刺激	—
277	碳酸钠	—	3	6	上呼吸道、眼、皮肤刺激	—
278	碳酰氯（光气）	0.5	—	—	眼和上呼吸道刺激;肺损害	—
279	羰基氟	—	5	10	下呼吸道刺激;骨损害	—
280	羰基镍（按 Ni 计）	0.002	—	—	化学性肺炎	G1
281	锑及其化合物（按 Sb 计）	—	0.5	—	皮肤和上呼吸道刺激	—
282	铜（按 Cu 计）	—	—	—	呼吸道、皮肤刺激;胃肠道反应;金属烟热	—
	铜尘	—	1	—		—
	铜烟	—	0.2	—		—
283	钨及其不溶性化合物（按 W 计）	—	5	10	下呼吸道刺激	—
284	五氟一氯乙烷	—	5 000	—	心律不齐;昏迷甚至死亡;冻伤	—
285	五硫化二磷	—	1	3	上呼吸道刺激	—

续表

序号	中文名	OELs/(mg·m^{-3})			临界不良健康效应	备注
		MAC	PC-TWA	PC-STEL		
286	五氯酚及其钠盐	—	0.3	—	上呼吸道刺激;中枢神经系统损害;心脏损害;眼刺激	皮,G2B
287	五羰基铁（按 Fe 计）	—	0.25	0.5	肺水肿;中枢神经系统损害	—
288	五氧化二磷	1	—	—	皮肤、眼及上呼吸道刺激;肺炎或肺水肿;齿、龈和下颌骨损害	—
289	戊醇	—	100	—	眼、皮肤和上呼吸道刺激	—
290	戊烷（全部异构体）	—	500	1 000	周围神经病	—
291	硒化氢（按 Se 计）	—	0.15	0.3	上呼吸道和眼刺激;恶心	—
292	硒及其化合物（按 Se 计）（不包括六氟化硒、硒化氢）	—	0.1	—	眼和上呼吸道刺激	—
293	纤维素	—	10	—	上呼吸道刺激	—
294	硝化甘油	1	—	—	舒张血管	皮
295	硝基苯	—	2	—	高铁血红蛋白血症	皮,G2B
296	1-硝基丙烷	—	90	—	上呼吸道刺激;肝损害;眼刺激	—
297	2-硝基丙烷	—	30	—	肝损害;肝癌	G2B
298	硝基甲苯（全部异构体）	—	10	—	高铁血红蛋白血症	皮,G2A
299	硝基甲烷	—	50	—	甲状腺效应;上呼吸道刺激;肺损害	G2B
300	硝基乙烷	—	300	—	上呼吸道刺激;中枢神经系统损害;肝损害	G2B
301	辛烷	—	500	—	上呼吸道刺激	—
302	溴	—	0.6	2	呼吸道刺激、肺损害	—
303	溴化氢	10	—	—	上呼吸道刺激	—
304	1-溴丙烷	—	21	—	肝脏和胚胎/胎儿损害;神经毒性	G2B
305	溴甲烷	—	2	—	上呼吸道和皮肤刺激	皮

序号	中文名	OELs/(mg·m^{-3})			临界不良健康效应	备注
		MAC	PC-TWA	PC-STEL		
306	溴氰菊酯	—	0.03	—	中枢神经和周围神经系统症状;眼、皮肤刺激	—
307	溴鼠灵	—	0.002	—	抗凝血作用;经皮毒性	—
308	氧化钙	—	2	—	上呼吸道刺激	—
309	氧化镁烟	—	10	—	黏膜刺激;金属烟热	—
310	氧化锌	—	3	5	金属烟热	—
311	氧乐果	—	0.15	—	胆碱酯酶抑制	皮
312	液化石油气	—	1 000	1 500	麻醉;植物神经功能紊乱;冻伤	—
313	一氧化碳	—	—	—	碳氧血红蛋白血症	
	非高原	—	20	30	—	
	高原	—	—	—	—	
	海拔2 000~3 000 m	20	—	—	—	—
	海拔>3 000 m	15	—	—	—	—
314	乙胺	—	9	18	皮肤、眼刺激;眼损害	皮
315	乙苯	—	100	150	上呼吸道及眼刺激;中枢神经系统损害	G2B
316	乙醇胺	—	8	15	眼和皮肤刺激	—
317	乙二胺	—	4	10	皮肤、黏膜强刺激;肝、肾损害;皮肤和眼灼伤;哮喘	皮;敏
318	乙二醇	—	20	40	上呼吸道和眼刺激	—
319	乙二醇二硝酸酯	—	0.3	—	血管舒张;头痛	皮
320	乙酐	—	16	—	眼和上呼吸道刺激	—
321	N-乙基吗啉	—	25	—	上呼吸道刺激;眼损害	皮
322	乙基戊基甲酮	—	130	—	上呼吸道和眼刺激;中枢神经系统损害	—
323	乙腈	—	30	—	下呼吸道刺激	皮
324	乙硫醇	—	1	—	上呼吸道刺激;中枢神经系统损害	—

续表

序号	中文名	OELs/（mg·m⁻³）			临界不良健康效应	备注
		MAC	PC-TWA	PC-STEL		
325	乙醚	—	300	500	中枢神经系统损害；上呼吸道刺激	—
326	乙醛	45	—	—	眼和上呼吸道刺激	G2B
327	乙酸	—	10	20	上呼吸道和眼刺激；肺功能	—
328	乙酸丙酯	—	200	300	眼和上呼吸道刺激	—
329	乙酸丁酯	—	200	300	眼和上呼吸道刺激	—
330	乙酸甲酯	—	200	500	头痛；眼和上呼吸道刺激；眼神经损害	—
331	乙酸戊酯（全部异构体）	—	100	200	眼、上呼吸道及皮肤刺激；消化道症状；贫血和嗜酸性粒细胞增多	—
332	乙酸乙烯酯	—	10	15	上呼吸道、眼和皮肤刺激；中枢神经系统损害	G2B
333	乙酸乙酯	—	200	300	上呼吸道和眼刺激	—
334	乙烯酮	—	0.8	2.5	上呼吸道刺激；肺水肿	—
335	乙酰甲胺磷	—	0.3	—	胆碱酯酶抑制	皮
336	乙酰水杨酸（阿司匹林）	—	5	—	皮肤和眼刺激	—
337	2-乙氧基乙醇	—	18	36	男性生殖系损害；胚胎/胎儿损害	皮
338	2-乙氧基乙基乙酸酯	—	30	—	男性生殖系损害	皮
339	钇及其化合物（按Y计）	—	1	—	肺纤维化	—
340	异丙胺		12	24	上呼吸道刺激；眼损害	—
341	异丙醇	—	350	700	眼和上呼吸道刺激；中枢神经系统损害	—
342	N-异丙基苯胺	—	10	—	高铁血红蛋白血症	皮
343	异稻瘟净	—	2	5	胆碱酯酶抑制	皮
344	异佛尔酮	30	—	—	眼、上呼吸道和皮肤刺激；中枢神经系统损害；全身不适；疲劳	—

序号	中文名	OELs/(mg·m⁻³)			临界不良健康效应	备注
		MAC	PC-TWA	PC-STEL		
345	异佛尔酮 二异氰酸酯	—	0.05	0.1	呼吸系统致敏	敏
346	异氰酸甲酯	—	0.05	0.08	上呼吸道刺激	皮
347	异亚丙基丙酮	—	60	100	眼和上呼吸道刺激；中枢神经系统损害	—
348	铟及其化合物 （按 In 计）	—	0.1	0.3	肺炎、肺水肿、牙蚀症；全身不适	—
349	茚	—	50	—	肝、肾损害；上呼吸道刺激	—
350	莠去津	—	2.0	—	血液、生殖和发育损害	—
351	正丙醇	—	200	300	上呼吸道和眼刺激；中枢神经系统抑制	—
352	正丁胺	15	—	—	头痛；上呼吸道和眼刺激	皮
353	正丁醇	—	100	—	眼和上呼吸道刺激；中枢神经系统抑制	—
354	正丁基硫醇	—	2	—	上呼吸道刺激	—
355	正丁基缩水甘油醚	—	60	—	睾丸损害	—
356	正丁醛	—	5	10	眼及呼吸道刺激；麻醉；变态反应	—
357	正庚烷	—	500	1 000	中枢神经系统损害；上呼吸道刺激	—
358	正己烷	—	100	180	中枢神经系统损害；上呼吸道和眼刺激	皮

4. 工作场所空气中粉尘的职业接触限值

工作场所空气中粉尘的职业接触限值见附表 1-2。

附表 1-2　工作场所空气中粉尘职业接触限值

序号	中文名	PC-TWA/(mg·m⁻³)		临界不良健康效应	备注
		总尘	呼尘		
1	白云石粉尘	8	4	尘肺病	—
2	玻璃钢粉尘	3	—	尘肺病；呼吸道、皮肤刺激	—

续表

序号	中文名	PC-TWA/(mg·m⁻³)		临界不良健康效应	备注
		总尘	呼尘		
3	茶尘	2	—	哮喘	—
4	沉淀 SiO_2（白炭黑）	5	—	上呼吸道及皮肤刺激	—
5	大理石粉尘（碳酸钙）	8	4	眼、皮肤刺激；尘肺病	—
6	电焊烟尘	4	—	电焊工尘肺	G2B
7	二氧化钛粉尘	8	—	下呼吸道刺激	G2B
8	沸石粉尘	5	—	尘肺病；肺癌	G1
9	酚醛树脂粉尘	6	—	上呼吸道刺激	—
10	工业酶混合尘	2	—	皮肤、眼、上呼吸道刺激	敏
11	谷物粉尘（游离 SiO_2 含量<10%）	4	—	上呼吸道刺激；尘肺；过敏性哮喘	敏
12	硅灰石粉尘	5	—	—	—
13	硅藻土粉尘（游离 SiO_2 含量<10%）	6	—	尘肺病	—
14	过氯酸铵粉尘	8	—	肺间质纤维化	—
15	滑石粉尘（游离 SiO_2 含量<10%）	3	1	滑石尘肺	—
16	活性炭粉尘	5	—	尘肺病	—
17	聚丙烯粉尘	5	—	—	—
18	聚丙烯腈纤维粉尘	2	—	肺通气功能损伤	—
19	聚氯乙烯粉尘	5	—	下呼吸道刺激；肺功能改变	—
20	聚乙烯粉尘	5	—	呼吸道刺激	—
21	铝尘（铝金属、铝合金粉尘、氧化铝粉尘）	34	—	铝尘肺；眼损害；黏膜、皮肤刺激	—
22	麻尘（游离 SiO_2 含量<10%）（亚麻、黄麻、苎麻）	1.523	—	棉尘病	—
23	煤尘（游离 SiO_2 含量<10%）	4	2.5	煤工尘肺	—
24	棉尘	1	—	棉尘病	—
25	木粉尘（硬）	3	—	皮炎、鼻炎、结膜炎；哮喘、外源性过敏性肺炎；鼻咽癌等	G1；敏

续表

序号	中文名	PC-TWA/(mg · m^{-3})		临界不良健康效应	备注
		总尘	呼尘		
26	凝聚 SiO$_2$ 粉尘	1.5	0.5	—	—
27	膨润土粉尘	6	—	鼻、喉、肺、眼刺激;支气管哮喘	—
28	皮毛粉尘	8	—	过敏性肺泡炎;支气管哮喘	敏
29	人造矿物纤维绝热棉粉尘 (玻璃棉、矿渣棉、岩棉)	5 1 f/mL	—	质量浓度:皮肤和眼刺激 纤维浓度:呼吸道不良健康效应	—
30	桑蚕丝尘	8	—	眼和上呼吸道刺激;肺功能损伤	—
31	砂轮磨尘	8	—	轻微致肺纤维化作用	—
32	石膏粉尘	8	4	上呼吸道、眼和皮肤刺激;肺炎等	—
33	石灰石粉尘	8	4	眼、皮肤刺激;尘肺	—
34	石棉(石棉含量>10%) 粉尘(纤维)	0.8 0.8 f/m^3	— —	石棉肺;肺癌、间皮瘤	G1
35	石墨粉尘	4	2	石墨尘肺	—
36	水泥粉尘 (游离 SiO$_2$ 含量<10%)	4	1.5	水泥尘肺	—
37	炭黑粉尘	4	—	炭黑尘肺	G2B
38	碳化硅粉尘	8	4	尘肺病;上呼吸道刺激	—
39	碳纤维粉尘	3	—	上呼吸道、眼及皮肤刺激	—
40	矽尘 10% ≤游离 SiO$_2$ 含量≤50% 50% <游离 SiO$_2$ 含量≤80% 游离 SiO$_2$ 含量>80%	1 0.7 0.5	0.7 0.3 0.2	矽肺	G1(结晶型)
41	稀土粉尘 (游离 SiO$_2$ 含量<10%)	2.5	—	稀土尘肺;皮肤刺激	—
42	洗衣粉混合尘	1	—	皮肤、眼和上呼吸道刺激;致敏	敏
43	烟草尘	2	—	鼻咽炎;肺损伤	—
44	萤石混合性粉尘	1	0.7	矽肺	—
45	云母粉尘	2	1.5	云母尘肺	—

续表

序号	中文名	PC-TWA/(mg·m⁻³)		临界不良健康效应	备注
		总尘	呼尘		
46	珍珠岩粉尘	8	4	眼、皮肤、上呼吸道刺激	—
47	蛭石粉尘	3	—	眼、上呼吸道刺激	—
48	重晶石粉尘	5	—	眼刺激;尘肺	—
49	其他粉尘	8	—	—	—

5. 监测检测原则要求

5.1 工作场所空气中有害物质的采样按 GBZ 159 执行。

5.2 工作场所空气中化学有害因素和粉尘的检测按 GBZ/T 160、GBZ/T 300 和 GBZ/T 192 执行。若无相应的检测方法,可参考国内外公认的检测方法,但应纳入质量控制程序。

5.3 对分别测定有总粉尘和呼吸性粉尘容许浓度的粉尘,应优先选择测定呼吸性粉尘的接触浓度。

5.4 与 BELs 相配套的生物材料中有害物质及其代谢物或效应指标的测定按照 GBZ/T 295 执行。

6. 工作场所化学有害因素职业接触控制原则及要求

6.1 化学有害因素控制的优先原则

6.1.1 对工作场所化学有害因素接触的控制,应根据工作场所职业病危害实际情况,按照 GBZ1 的要求采取综合控制措施。

6.1.2 消除替代原则。优先采用有利于保护劳动者健康的新技术、新工艺、新材料、新设备,用无害替代有害、低毒危害替代高毒危害的工艺、技术和材料,从源头控制劳动者接触化学有害因素。

6.1.3 工程控制原则。对生产工艺、技术和原辅材料达不到卫生学要求的,应根据生产工艺和化学有害因素的特性,采取相应的防尘、防毒、通风等工程控制措施,使劳动者的接触或活动的工作场所化学有害因素的浓度符合卫生要求。

6.1.4 管理控制原则。通过制订并实施管理性的控制措施,控制劳动者接触化学有害因素的程度,降低危害的健康影响。

6.1.5 个体防护原则。当所采取的控制措施仍不能实现对接触的有效控制时,应联合使用其他控制措施和适当的个体防护用品;个体防护用品通常在其他控制措施不能理想实现控制目标时使用。

6.1.6 在评估预防控制措施的合理性、可行性时,还应综合考虑职业病危害的种类以及为减少风险而需要付出的成本。

6.2 职业接触控制要点

6.2.1 在制订职业接触控制措施时应充分考虑所有可能发生接触的途径,包括经呼吸道吸入、皮肤吸收和经口摄入。

6.2.2 采取的控制措施应具有针对性,能有效防止该有害因素可能引起的健康危害。

6.2.3 应选择最有效和最可靠的控制措施,避免有害因素的泄漏或尽可能使其播散最小化。

6.2.4 应定期检查和评估所有控制措施的相关要素,并保持其持续有效。

6.2.5 应将工作中可能产生的化学有害因素以及采取的对应控制措施告知所有相关的劳动者,并对其进行职业病防治知识培训。

6.2.6 应确保所采取的控制措施不会威胁劳动者的健康和生命。

6.3 工作场所化学有害因素职业接触控制要求

6.3.1 劳动者接触制定有 MAC 的化学有害因素时,一个工作日内,任何时间、任何工作地点的最高接触浓度(maximum exposure concentration,CME)不得超过其相应的 MAC 值。

6.3.2 劳动者接触同时规定有 PC-TWA 和 PC-STEL 的化学有害因素时,实际测得的当日时间加权平均接触浓度(exposure concentration of time weighted average,CTWA)不得超过该因素对应的 PC-TWA 值,同时一个工作日期间任何短时间的接触浓度(exposure concentration of short term,CSTE)不得超过其对应的 PC-STEL 值。

6.3.3 劳动者接触仅制订有 PC-TWA 但尚未制订 PC-STEL 的化学有害因素时,实际测得的当日 CTWA 不得超过其对应的 PC-TWA 值;同时,劳动者接触水平瞬时超出 PC-TWA 值 3 倍的接触每次不得超过 15 min,一个工作日期间不得超过 4 次,相继间隔不短于 1 h,且在任何情况下都不能超过 PC-TWA 值的 5 倍。

6.3.4 对于尚未制订 OELs 的化学有害因素的控制,原则上应使绝大多数劳动者即使反复接触该因素也不会损害其健康。用人单位可依据现有信息、参考国内外权威机构制订的 OELs,制订供本用人单位使用的卫生标准,并采取有效措施控制劳动者的接触。

6.4 控制措施

劳动者接触化学有害因素的浓度超过行动水平时,用人单位应参照 GBZ/T 225 的要求采取包括防尘、防毒等工程控制措施、工作场所有害因素监测、职业健康监护、职业病危害告知、职业卫生培训等技术及管理控制措施。行动水平不作为确定接触职业病危害作业的劳动者的岗位津贴的依据。

6.5 化学有害因素职业接触水平及其分类控制

6.5.1 按照劳动者实际接触化学有害因素的水平可将劳动者的接触水平分为 5 级,与其对应的推荐的控制措施见附表1-3。

附表1-3 职业接触水平及其分类控制

接触等级	等级描述	推荐的控制措施
0(≤1% OEL)	无接触	不需采取行动
Ⅰ(>1%,≤10% OEL)	接触极低,根据已有信息无相关效应	一般危害告知,如标签、SDS 等
Ⅱ(>10%,≤50% OEL)	有接触但无明显健康效应	一般危害告知,特殊危害告知,即针对具体因素的危害进行告知
Ⅲ(>50%,≤OEL)	显著接触,需采取行动限制活动	一般危害告知、特殊危害告知、职业卫生监测、职业健康监护、作业管理

续表

接触等级	等级描述	推荐的控制措施
Ⅳ（>OEL）	超过 OELs	一般危害告知、特殊危害告知、职业卫生监测、职业健康监护、作业管理、个体防护用品和工程、工艺控制

注:作业管理包括对作业方法、作业时间等制订作业标准,使其标准化;改善作业方法;对作业人员进行指导培训以及改善作业条件或工作场所环境等。

6.5.2　工作场所化学物的职业病危害作业分级管理见 GBZ/T 229.2。

附录2　工作场所空气中有害物质监测的采样规范

本附录根据安全检测实验需求择取《工作场所空气中有害物质监测的采样规范》(GBZ 159—2004)部分内容以便参考。

1. 范围

本标准规定了工作场所空气中有害物质(有毒物质和粉尘)监测的采样方法和技术要求。

本标准适用于工作场所空气中有害物质(有毒物质和粉尘)的空气样品采集。

2. 规范性引用文件

下列文件中的条款,通过本标准的引用而成为本标准的条款。凡是注日期的引用文件,其随后所有的修改单(不包括勘误的内容)或修订版均不适用于本标准,然而,鼓励根据本标准达成协议的各方研究是否可使用这些文件的最新版本。凡是不注日期的引用文件,其最新版本适用于本标准。

3. 术语

本标准采用下列术语:

3.1　工作场所(Workplace)指劳动者进行职业活动的全部地点。

3.2　工作地点(Work Site)指劳动者从事职业活动或进行生产管理过程中经常或定时停留的地点。

3.3　采样点(Sampled site)指根据监测需要和工作场所状况,选定具有代表性的、用于空气样品采集的工作地点。

3.4　空气收集器(Air collector)指用于采集空气中气态、蒸气态和气溶胶态有害物质的器具,如大注射器、采气袋、各类气体吸收管及吸收液、固体吸附剂管、无泵型采样器、滤料及采样夹和采样头等。

3.5　空气采样器(Air sampler)指以一定的流量采集空气样品的仪器,通常由抽气动力和流量调节装置等组成。

3.6　无泵型采样器(Passive sampler)指利用有毒物质分子扩散、渗透作用为原理设计制作的、不需要抽气动力的空气采样器。

3.7　个体采样(Personal sampling)指将空气收集器佩带在采样对象的前胸上部,其进气口尽量接近呼吸带所进行的采样。

3.8　采样对象（Monitored person）指选定为具有代表性的、进行个体采样的劳动者。

3.9　定点采样（Area sampling）指将空气收集器放置在选定的采样点、劳动者的呼吸带进行采样。

3.10　采样时段（Sampling period）指在一个监测周期（如工作日、周或年）中，选定的采样时刻。

3.11　采样时间（Sampling duration）指每次采样从开始到结束所持续的时间。

3.12　短时间采样（Short time sampling）指采样时间一般不超过 15 min 的采样。

3.13　长时间采样（Long time sampling）指采样时间一般在 1 h 以上的采样。

3.14　采样流量（Sampling flow）指在采集空气样品时，每分钟通过空气收集器的空气体积。

3.15　标准采样体积（Standard sample volume）指在气温为 20 ℃，大气压为 101.3 kPa（760 mmHg）条件下，采集空气样品的体积，以 L 表示。

换算公式为

$$V_0 = V_t \times \frac{293}{273 + t} \times \frac{P}{101.3} \tag{1}$$

式中　V_0——标准采样体积，L；

V_t——在温度为 t ℃，大气压为 P 时的采样体积，L；

t——采样点的气温，℃；

P——采样点的大气压，kPa。

4.采集空气样品的基本要求

4.1　应满足工作场所有害物质职业接触限值对采样的要求。

4.2　应满足职业卫生评价对采样的要求。

4.3　应满足工作场所环境条件对采样的要求。

4.4　在采样的同时应作对照试验，即将空气收集器带至采样点，除不连接空气采样器采集空气样品外，其余操作同样品，作为样品的空白对照。

4.5　采样时应避免有害物质直接飞溅入空气收集器内；空气收集器的进气口应避免被衣物等阻隔。用无泵型采样器采样时应避免风扇等直吹。

4.6　在易燃、易爆工作场所采样时，应采用防爆型空气采样器。

4.7　采样过程中应保持采样流量稳定。长时间采样时应记录采样前后的流量，计算时用流量均值。

4.8　工作场所空气样品的采样体积，在采样点温度低于 5 ℃ 和高于 35 ℃、大气压低于 98.8 kPa 和高于 103.4 kPa 时，应按式（1）将采样体积换算成标准采样体积。

4.9　在样品的采集、运输和保存的过程中，应注意防止样品的污染。

4.10　采样时，采样人员应注意个体防护。

4.11　采样时，应在专用的采样记录表上，边采样边记录；专用采样记录表见附录 2-A 和附录 2-B。

5.空气监测的类型及其采样要求

5.1　评价监测

适用于建设项目职业病危害因素预评价、建设项目职业病危害因素控制效果评价和职业病危害因素现状评价等。

5.1.1 在评价职业接触限值为时间加权平均容许浓度时,应选定有代表性的采样点,连续采样 3 个工作日,其中应包括空气中有害物质浓度最高的工作日。

5.1.2 在评价职业接触限值为短时间接触容许浓度或最高容许浓度时,应选定具有代表性的采样点,在一个工作日内空气中有害物质浓度最高的时段进行采样,连续采样 3 个工作日。

5.2 日常监测

适用于对工作场所空气中有害物质浓度进行的日常的定期监测。

5.2.1 在评价职业接触限值为时间加权平均容许浓度时,应选定有代表性的采样点,在空气中有害物质浓度最高的工作日采样 1 个工作班。

5.2.2 在评价职业接触限值为短时间接触容许浓度或最高容许浓度时,应选定具有代表性的采样点,在一个工作班内空气中有害物质浓度最高的时段进行采样。

5.3 监督监测

适用于职业卫生监督部门对用人单位进行监督时,对工作场所空气中有害物质浓度进行的监测。

5.3.1 在评价职业接触限值为时间加权平均容许浓度时,应选定具有代表性的工作日和采样点进行采样。

5.3.2 在评价职业接触限值为短时间接触容许浓度或最高容许浓度时,应选定具有代表性的采样点,在一个工作班内空气中有害物质浓度最高的时段进行采样。

5.4 事故性监测

适用于对工作场所发生职业危害事故时,进行的紧急采样监测。

根据现场情况确定采样点。监测至空气中有害物质浓度低于短时间接触容许浓度或最高容许浓度为止。

6.采样前的准备

6.1 现场调查

为正确选择采样点、采样对象、采样方法和采样时机等,必须在采样前对工作场所进行现场调查。必要时可进行预采样。调查内容如下所述。

6.1.1 工作过程中使用的原料、辅助材料,生产的产品、副产品和中间产物等的种类、数量、纯度、杂质及其理化性质等。

6.1.2 工作流程包括原料投入方式、生产工艺、加热温度和时间、生产方式和生产设备的完好程度等。

6.1.3 劳动者的工作状况,包括劳动者数、在工作地点停留时间、工作方式、接触有害物质的程度、频度及持续时间等。

6.1.4 工作地点空气中有害物质的产生和扩散规律、存在状态、估计浓度等。

6.1.5 工作地点的卫生状况和环境条件、卫生防护设施及其使用情况、个人防护设施及使用状况等。

6.2 采样仪器的准备

6.2.1 检查所用的空气收集器和空气采样器的性能和规格,应符合 GB/T 17061 要求。

6.2.2 检查所用的空气收集器的空白、采样效率和解吸效率或洗脱效率。

6.2.3　校正空气采样器的采样流量。在校正时,必须串联与采样相同的空气收集器。

6.2.4　使用定时装置控制采样时间的采样,应校正定时装置。

7. 定点采样

7.1　采样点的选择原则

7.1.1　选择有代表性的工作地点,其中应包括空气中有害物质浓度最高、劳动者接触时间最长的工作地点。

7.1.2　在不影响劳动者工作的情况下,采样点尽可能靠近劳动者;空气收集器应尽量接近劳动者工作时的呼吸带。

7.1.3　在评价工作场所防护设备或措施的防护效果时,应根据设备的情况选定采样点,在工作地点劳动者工作时的呼吸带进行采样。

7.1.4　采样点应设在工作地点的下风向,应远离排气口和可能产生涡流的地点。

7.2　采样点数目的确定

7.2.1　工作场所按产品的生产工艺流程,凡逸散或存在有害物质的工作地点,至少应设置1个采样点。

7.2.2　一个有代表性的工作场所内有多台同类生产设备时,1～3台设置1个采样点;4～10台设置2个采样点;10台以上,至少设置3个采样点。

7.2.3　一个有代表性的工作场所内,有2台以上不同类型的生产设备,逸散同一种有害物质时,采样点应设置在逸散有害物质浓度大的设备附近的工作地点;逸散不同种有害物质时,将采样点设置在逸散待测有害物质设备的工作地点,采样点的数目参照7.2.2确定。

7.2.4　劳动者在多个工作地点工作时,在每个工作地点设置1个采样点。

7.2.5　劳动者工作是流动的时,在流动的范围内,一般每10米设置1个采样点。

7.2.6　仪表控制室和劳动者休息室,至少设置1个采样点。

7.3　采样时段的选择

7.3.1　采样必须在正常工作状态和环境下进行,避免人为因素的影响。

7.3.2　空气中有害物质浓度随季节发生变化的工作场所,应将空气中有害物质浓度最高的季节选择为重点采样季节。

7.3.3　在工作周内,应将空气中有害物质浓度最高的工作日选择为重点采样日。

7.3.4　在工作日内,应将空气中有害物质浓度最高的时段选择为重点采样时段。

8. 个体采样

8.1　采样对象的选定

8.1.1　要在现场调查的基础上,根据检测的目的和要求,选择采样对象。

8.1.2　在工作过程中,凡接触和可能接触有害物质的劳动者都列为采样对象范围。

8.1.3　采样对象中必须包括不同工作岗位的、接触有害物质浓度最高和接触时间最长的劳动者,其余的采样对象应随机选择。

8.2　采样对象数量的确定

8.2.1　在采样对象范围内,能够确定接触有害物质浓度最高和接触时间最长的劳动者时,每种工作岗位按下表选定采样对象的数量,其中应包括接触有害物质浓度最高和接触时间最长的劳动者。每种工作岗位劳动者数不足3名时,全部选为采样对象。

劳动者数	采样对象数
3 ~ 5	2
6 ~ 10	3
>10	4

8.2.2 在采样对象范围内,不能确定接触有害物质浓度最高和接触时间最长的劳动者时,每种工作岗位按下表选定采样对象的数量。每种工作岗位劳动者数不足 6 名时,全部选为采样对象。

劳动者数	采样对象数
6	5
7 ~ 9	6
10 ~ 14	7
15 ~ 26	8
27 ~ 50	9
50 ~	11

9. 职业接触限值为最高容许浓度的有害物质的采样

9.1 用定点的、短时间采样方法进行采样。

9.2 选定有代表性的、空气中有害物质浓度最高的工作地点作为重点采样点。

9.3 将空气收集器的进气口尽量安装在劳动者工作时的呼吸带。

9.4 在空气中有害物质浓度最高的时段进行采样。

9.5 采样时间一般不超过 15 min;当劳动者实际接触时间不足 15 min 时,按实际接触时间进行采样。

9.6 空气中有害物质浓度按式(2)计算:

$$C_{\mathrm{MAC}} = \frac{CV}{Ft} \tag{2}$$

式中 C_{MAC}——空气中有害物质的浓度,mg/m³;

C——测得样品溶液中有害物质的浓度,μg/mL;

V——样品溶液体积,mL;

F——采样流量,L/min;

t——采样时间,min。

10. 职业接触限值为短时间接触容许浓度的有害物质的采样

10.1 用定点的、短时间采样方法进行采样。

10.2 选定有代表性的、空气中有害物质浓度最高的工作地点作为重点采样点。

10.3 将空气收集器的进气口尽量安装在劳动者工作时的呼吸带。

10.4 在空气中有害物质浓度最高的时段进行采样。

10.5 采样时间一般为 15 min;采样时间不足 15 min 时,可进行 1 次以上的采样。

10.6 空气中有害物质 15 min 时间加权平均浓度的计算

10.6.1 采样时间为 15 min 时,按式(3)计算:

$$C_{STEL} = \frac{C \cdot V}{F \cdot 15} \tag{3}$$

式中 C_{STEL}——短时间接触浓度,mg/m^3;

C——测得样品溶液中有害物质的浓度,$\mu g/mL$;

V——样品溶液体积,mL;

F——采样流量,L/min;

15——采样时间,min。

10.6.2 采样时间不足 15 min,进行 1 次以上采样时,按 15 min 时间加权平均浓度计算。

$$C_{STEL} = \frac{C_1 + C_2 T_2 + \cdots + C_n t_n}{15} \tag{4}$$

式中 C_{STEL}——短时间接触浓度,mg/m^3;

C_1、C_2、$\cdots$、C_n——测得空气中有害物质浓度,mg/m^3;

t_1、t_2、$\cdots$、t_n——劳动者在相应的有害物质浓度下的工作时间,min;

15——短时间接触容许浓度规定的 15 min。

10.6.3 劳动者接触时间不足 15 min,按 15 min 时间加权平均浓度计算。

$$C_{STEL} = \frac{C \cdot t}{15} \tag{5}$$

式中 C_{STEL}——短时间接触浓度,mg/m^3;

C——测得空气中有害物质浓度,mg/m^3;

t——劳动者在相应的有害物质浓度下的工作时间,min;

15——短时间接触容许浓度规定的 15 min。

11. 职业接触限值为时间加权平均容许浓度的有害物质的采样

根据工作场所空气中有害物质浓度的存在状况,或采样仪器的操作性能,可选择个体采样或定点采样,长时间采样或短时间采样方法。以个体采样和长时间采样为主。

11.1 采用个体采样方法的采样

11.1.1 一般采用长时间采样方法。

11.1.2 选择有代表性的、接触空气中有害物质浓度最高的劳动者作为重点采样对象。

11.1.3 按照 8.2 项确定采样对象的数目。

11.1.4 将个体采样仪器的空气收集器佩戴在采样对象的前胸上部,进气口尽量接近呼吸带。

11.1.5 采样仪器能够满足全工作日连续一次性采样时,空气中有害物质 8 h 时间加权平均浓度按式(6)计算:

$$C_{\text{TWA}} = \frac{C \cdot V}{F \cdot 480} \times 1\,000 \tag{6}$$

式中　C_{TWA}——空气中有害物质 8 h 时间加权平均浓度,mg/m³;

　　　C——测得的样品溶液中有害物质的浓度,mg/mL;

　　　V——样品溶液的总体积,mL;

　　　F——采样流量,mL/min;

　　　480——为时间加权平均容许浓度规定的以 8 h 计,min。

11.1.6　采样仪器不能满足全工作日连续一次性采样时,可根据采样仪器的操作时间,在全工作日内进行 2 次或 2 次以上的采样。空气中有害物质 8 h 时间加权平均浓度按式(7)计算:

$$C_{\text{TWA}} = \frac{C_1 t_1 + C_2 t_2 + \cdots + C_n t_n}{8} \tag{7}$$

式中　C_{TWA}——空气中有害物质 8 h 时间加权平均浓度,mg/m³;

　　　C_1、C_2、$\cdots$、C_n——测得空气中有害物质浓度,mg/m³;

　　　t_1、t_2、$\cdots$、t_n——劳动者在相应的有害物质浓度下的工作时间,h;

　　　8——时间加权平均容许浓度规定的 8 h。

11.2　采用定点采样方法的采样

11.2.1　劳动者在一个工作地点工作时采样

可采用长时间采样方法或短时间采样方法采样。

11.2.1.1　用长时间采样方法的采样:选定有代表性的、空气中有害物质浓度最高的工作地点作为重点采样点;将空气收集器的进气口尽量安装在劳动者工作时的呼吸带;采样仪器能够满足全工作日连续一次性采样时,空气中有害物质 8 h 时间加权平均浓度按式(6)计算;采样仪器不能满足全工作日连续一次性采样时,可根据采样仪器的操作时间,在全工作日内进行 2 次或 2 次以上的采样,空气中有害物质 8 h 时间加权平均浓度按式(7)计算。

11.2.1.2　用短时间采样方法的采样:选定有代表性的、空气中有害物质浓度最高的工作地点作为重点采样点;将空气收集器的进气口尽量安装在劳动者工作时的呼吸带;在空气中有害物质不同浓度的时段分别进行采样;并记录每个时段劳动者的工作时间;每次采样时间一般为 15 min;空气中有害物质 8 h 时间加权平均浓度按式(7)计算。

11.2.2　劳动者在一个以上工作地点工作或移动工作时采样

11.2.2.1　在劳动者的每个工作地点或移动范围内设立采样点,分别进行采样;并记录每个采样点劳动者的工作时间。

11.2.2.2　在每个采样点,应在劳动者工作时,空气中有害物质浓度最高的时段进行采样。

11.2.2.3　将空气收集器的进气口尽量安装在劳动者工作时的呼吸带。

11.2.2.4　每次采样时间一般为 15 min。

11.2.2.5　空气中有害物质 8 h 时间加权平均浓度按式(7)计算。

附录 2-A (资料性附录)

(职业卫生技术服务机构名称)

工作场所空气中有害物质定点采样记录表

用人单位		项目编号	
监测类型	（评价　日常　监督）	待测物	
采样仪器		采样方法	

样品编号	仪器编号	采样地点	生产情况、工人在此停留时间以及工人个体防护措施	采样流量/(L·min⁻¹)		采样时间		温度、气压
				采样前	采样后	开始时间	结束时间	
						:	:	
						:	:	
						:	:	
						:	:	
						:	:	
						:	:	
						:	:	
						:	:	
						:	:	
						:	:	

采样人：　　　　　　年　月　日　　　　　陪同人：　　　　　　年　月　日

附录 2-B (资料性附录)

(职业卫生技术服务机构名称)

工作场所空气中有害物质个体采样记录表

用人单位		项目编号	
监测类型	（评价　日常　监督）	待测物	
采样仪器		采样方法	

样品编号	仪器编号	采样对象	生产情况以及工人个体防护措施	采样流量/(L·min⁻¹)		采样时间		温度、气压
				采样前	采样后	开始时间	结束时间	
						:	:	

续表

样品编号	仪器编号	采样对象	生产情况以及工人个体防护措施	采样流量/(L·min⁻¹)		采样时间		温度、气压
				采样前	采样后	开始时间	结束时间	
						：	：	
						：	：	
						：	：	
						：	：	
						：	：	
						：	：	
						：	：	
						：	：	
						：	：	
						：	：	

采样人：　　　　　年　月　日　　　　　　　陪同人：　　　　　年　月　日

参考文献

[1] 赵建华.现代安全监测技术[M].合肥:中国科学技术大学出版社,2006.

[2] 张乃禄.安全检测技术[M].2版.西安:西安电子科技大学出版社,2012.

[3] 陈海群,陈群,王新颖.安全检测与监控技术[M].北京:中国石化出版社,2013.

[4] 黄仁东,刘敦文.安全检测技术[M].北京:化学工业出版社,2006.

[5] 赵汝林.安全检测技术[M].天津:天津大学出版社,1999.

[6] 董文庚.安全检测与监控[M].北京:中国劳动社会保障出版社,2011.

[7] 常太华,苏杰,田亮.检测技术与应用[M].北京:中国电力出版社,2003.

[8] 李良福.易燃易爆场所防雷抗静电安全检测技术[M].2版.北京:气象出版社,2006.

[9] 姜洪文,王英健.化工分析[M].北京:化学工业出版社,2008.

[10] 马中飞.工业通风与防尘[M].北京:化学工业出版社,2007.

[11] 张锦柱,杨保民,王红,等.工业分析化学[M].北京:冶金工业出版社,2008.

[12] 路乘风,崔政斌.防尘防毒技术[M].北京:化学工业出版社,2004.

[13] 王英健,杨永红.环境监测[M].2版.北京:化学工业出版社,2009.

[14] 高洪亮,刘章现,徐义勇.安全检测监控技术[M].北京:中国劳动社会保障出版社,2009.

[15] 虞汉华,朱兆华.安全检查手册[M].南京:东南大学出版社,2010.

[16] 刘子龙.安全检测与控制[M].徐州:中国矿业大学出版社,2009.

[17] 董文庚.安全检测与监控[M].北京:中国劳动社会保障出版社,2011.

[18] 强天鹏.射线检测[M].2版.北京:中国劳动社会保障出版社,2007.

[19] 刘元林,梅晨,唐庆菊,等.红外热成像检测技术研究现状及发展趋势[J].机械设计与制造,2015(6):260-262.

[20] 汤彬,葛良全,方方,等.核辐射测量原理[M].2版.哈尔滨:哈尔滨工程大学出版社,2022.

[21] 崔玉波,刘丽敏.环境检测实训教程[M].北京:化学工业出版社,2017.

[22] 张斌,黄均艳.安全检测与控制技术[M].2版.北京:化学工业出版社,2018.

[23] 李雨成,刘尹霞.安全检测技术[M].徐州:中国矿业大学出版社,2018.

[24] 董文庚,苏昭桂,刘庆洲.安全检测[M].北京:中国石化出版社,2016.

［25］陈海群,陈群,王新颖.安全检测与监控技术［M］.北京:中国石化出版社,2013.

［26］肖丹.安全检测与监控技术［M］.重庆:重庆大学出版社,2019.

［27］中国疾病预防控制中心职业卫生与中毒控制所.GBZ 159—2004 工作场所空气中有害物质监测的采样规范［S］.北京:人民卫生出版社.

［28］国家卫生和计划生育委员会.GBZ/T 300—2017 工作场所空气有毒物质测定［S］.北京:中国标准出版社.

［29］中华人民共和国卫生部.GBZ/T 192—2007 工作场所空气中粉尘测定［S］.北京:人民卫生出版社.

［30］中华人民共和国卫生部.GBZ/T 224—2010 职业卫生名词术语［S］.北京:人民卫生出版社.

［31］中华人民共和国卫生部.GBZ/T 229.2—2010 工作场所职业病危害作业分级 第2部分:化学物［S］.北京:人民卫生出版社.